KB264779

제대로 알고 먹는
5 9 가 지
식초·오일
수첩

요리할 때 많이 사용하는 식초와 오일. 우리는 식초와 오일에 대해서 얼마나 알고 있을까? 이 질문에 쉽게 대답할 수 있는 사람이 그리 많지는 않을 것이다. 우리 가까이에 있지만 그 효능과 쓰임에 대해 자세히 알고 있는 사람은 적기 때문이다. 그저 음식을 만들 때 신맛을 내는 재료, 무침이나 볶음을 할 때 또는 전을 부친 다음 찍어먹는 소스에 활용하는 조미료 정도로만 생각하는 경우가 많다.

하지만 식초와 오일은 요리를 하는 데 있어 중요한 식재료 중 하나다. 특히 식초는 발효 과정의 가장 마지막에 존재하는 것이고, 오일은 자연의 가장 위대한 산물이 아닌가 하는 생각을 한다.

이 책에서는 식초의 역사와 효능, 쓰임새에 대해 알아볼 수 있도록 하였으며 각각의 식초에 따라 잘 어울리는 식재료와 조리법을 같이 구성해서 조금 더 쉽게 다양한 식초의 정보를 알려주려 노력했다. 또한 식초 만드는 방법을 실어 집에서도 천연 식초를 만들 수 있도록 하였다.

우리나라에서 오일에 대한 정보는 지극히 단순하고 많이 알려져 있지 않다.

그렇기 때문에 오일의 종류가 얼마나 많은지, 어떤 오일이 유통되고 있는지에 대한 정보가 부족하다. 이 책에서는 오일의 종류와 각 오일의 쓰임새 등을 알려주며, 어떤 조리에 활용하면 좋은지에 대해서도 알려주려 노력하였다.

음식을 만들 때 식초나 오일을 어떻게 쓰느냐에 따라 음식의 맛이 좌지우지되기도 한다. 〈식초·오일 수첩〉이 미력하나마 식초와 오일의 정보나 효능에 대해 알려주는 도구가 되기를 바란다. 그래서 많은 사람들이 음식 맛을 더욱 풍부하게 하기 위해 지금 사용하고 있는 식초나 오일을 어떻게 활용해야 하는지 조금 더 다양하게 알 수 있었으면 한다.

세상에는 생각보다 많은 식초와 오일이 있다. 그것은 나와 나의 가족, 모두의 건강에 좋은 식재료이자 더욱 다양하고 풍성한 맛의 세계로 이끌어 줄 자연의 선물이다.

지은이 김외순

오일 ^{oil}

식초

해당 식초의 영양효과와
특징 설명

해당 식초를 활용하여
만들면 좋은 음식

식초의 맛 설명

식초를 발효시키는 기간

산의 농도

식초의 분류

식초를 만드는 데
필요한 재료와 비율

식초를 만드는 방법

현미유(미강유)

현미유는 현미를 도정할 때 나오는 쌀겨에 함유되어 있는 지질을 추출한 다음 정제해서 만든 오일이다. 발연점이 높아서 튀김요리를 할 때 사용하면 좋다. 올레산, 오메가-6 지방산, 오메가-3 지방산이 들어 있으며 다른 오일에 비해 토코페롤과 항산화 성분인 오리자놀, 비타민 E 함량이 높다. 쌀겨는 지방질 분해효소인 라이페이스에 의한 가수분해(물에 의해 지방이 분해되는 것)가 일어나기 쉽다. 또한 오일의 품질을 안 좋게 하는 유리지방산의 함량(10%)이 다른 식물성기름에 비해 높다. 따라서 채유를 할 때는 쌀겨를 건조시켜서 수분을 2~3%로 낮추고 신속히 해야 한다. 미강유는 올레산 50%, 리놀레산 30% 정도를 함유하고 있다. 올리브유와 같이 올레산을 많이 함유하고 있어 산화안정성이 좋다. 옅은 황금색을 띠며 감칠맛이 있어 부드럽고 풍미가 연하며, 튀김, 제빵, 볶음, 구이, 샐러드 등의 요리와 비누, 화장품, 구두크림의 원료로 사용한다.

식초

쌀&잡곡식초

—

· 현미식초 · 막걸리식초 · 흑초 · 옥수수식초
· 팥식초 · 흑미식초 · 검은콩식초 · 홍초

과일식초

—

· 사과식초 · 매실식초 · 오미자식초 · 오디식초
· 딸기식초 · 복분자식초 · 블루베리식초 · 감식초 · 바나나식초
· 배식초 · 파인애플식초 · 토마토식초 · 유자식초 · 레드와인식초
· 화이트와인식초 · 레드발사믹식초 · 화이트발사믹식초

기타식초

—

· 솔잎식초 · 몰트식초 · 사탕수수식초
· 허브식초 · 마늘식초 · 홍삼식초 · 도라지식초
· 더덕식초 · 자색고구마식초

식초의 정의

술을 상온에 보관하다가 공기와 접촉하게 되면 술 안의 초산균이 초산 발효를 일으킨다. 이때 초산균의 배설물이 신맛을 내는데 이것을 '식초'라고 한다. 이렇게 만들어진 식초는 4~5%의 아세트산이 주를 이루는 산성 조미료로 주로 무침이나 샐러드, 초간장, 초고추장을 만드는 데 사용한다. 식초는 아세트산 이외에 휘발성 및 불휘발성 유기산 당류, 아미노산, 에스테르 등의 성분을 가지며 만드는 재료에 따라 다양한 맛과 풍미가 있다.

식초의 역사와 유래

식초는 '먹을 식食', '초 초醋'의 한자를 쓰며 초를 먹는다는 단순한 뜻이 있다. '초'란 알코올이 발효를 일으켜 더 이상 발효할 수 없는 상태의 것을 말한다. 이 초는 가장 마지막 발효라 할 수 있고 인류 역사상 가장 오래된 식품 저장법이라 할 수 있다.

보통 생과일, 과일청이나 약초청, 술을 잘못 보관하면 식초 냄새가 나거나 위에 골마지처럼 초막이 생기는 것을 볼 수 있다. 또한 만든 지 오래된 과일청이나 약초청에서 단맛은 나지 않고 신맛이 날 때가 있다. 식초의 역사는 정확히 알 수 없지만 이런 것들로 미루어 봤을 때 저장법이 발달하지 않은 오래전, 특히 술이 발달했을 시기부터 식초도 같이 발달하지 않았을까 하는 추측이 있을 뿐이다.

동양의 식초 역사를 살펴보면 중국에서 3000년 전부터 쌀식초를 만들어 왔다는 기록이 있다. 또한 중국 북위시대(386~534년)의 농서인 〈제민요술〉에 식초 만드는 법이 기록되어 있다. 우리나라에서는 정확하게 언제부터 식초가 쓰였는지는 알 수 없지만 이수광의 〈지봉유설〉에서 '초를 다른 말로 쓴술이라 한다'는 기록이 있는 것으로 봤을 때 식초의 기원이 주류의 발달과 함께 비롯됐을 것으로 추측된다. 고려시대 〈향약구급방〉에는 약방에서도 식초를 다양하게 사용했다고 기술되어 있어 이때에는 식초가 약으로 쓰였음을 알 수 있다. 특히 우리나라에서는 식초를 잘 다스리는 것을 아주 중요하게 생각해 왔기 때문에 간장이나 된장, 고추장 등을 만들 때처럼 길일을 택해서 만들었다. 일본은 중국의 흑초가 전래되어 그 제조법을 기반으로 흑초를 만들어 먹었다고 하는데 특히 초밥이 발달하면서 식초의 중요성이 더욱 커졌을 것으로 보인다.

서양의 경우 가장 오래된 식초에 대한 기록은 '구약성서'다. 그중 '모세 5세'에 보면 '강한 술식초와 와인식초'라는 내용이 나오고 룻기에 '룻이 식초로 만든 음료를 받아 마셨다'라는 기록이 나오는 것으로 봐서 아주 오래전부터 음용되어 왔던 것으로 보인다. 식초는 영어로 VINEGAR라고 표기하는데 WINE을 뜻하는 라틴어의 VINUM이라는 말과 신맛을 뜻하는 ACER가 결합하여 유래된 것으로 보고 있다. 이 뜻대로라면 '신 와인'이라는 뜻으로 술을 통해 식초가 발달했다고 볼 수 있다. 성서에 포도주가 등장하는데, 따뜻한 나라에서 술을 보관하다 보면 자연스럽게 식초가 발달할 수밖에 없고 이렇게 우연찮게 얻어진 식초를 먹었던 사람들은 소화에 도움을 주고, 오래 보관할 수 있는 식초를 다양하게 이용했던 것으로 보인다. 그중 가장 대표적인 식초가 발사믹식초로 우리나라에서도 많은 요리에 활용하고 있다.

식초의 영양 및 효능

1 노폐물 제거 · 해독

식초에 풍부한 초산은 간의 독을 몸밖으로 빼내주면서 몸속의 각종 노폐물도 함께 밖으로 배출하게 해준다. 특히 과일식초의 경우 과일에 있는 펙틴이 몸속의 유해 물질과 합쳐져서 몸밖으로 배출되기 때문에 해독에 좋은 식품이다. 그러므로 식초를 지속적으로 음용하면 몸이 건강해진다. 특히 청주로 만든 식초는 간을 보호해 주는 성분까지 있어 몸에 더없이 좋은 식품이다.

2 피로회복

스트레스를 받거나 몸을 많이 사용할 경우 근육과 혈액에 젖산이라는 피로 물질이 쌓이게 된다. 이 젖산은 몸속의 산소를 부족하게 해서 각종 근육통이나 무기력증, 수면장애, 졸음 등의 현상을 일으키게 된다. 식초에는 초산과 구연산, 사과산 등 우리 몸의 신진대사를 도와주는 유기산이 풍부하게 함유되어 있어 피곤할 때 식초를 먹으면 식초의 각종 유기산이 몸에 쌓이는 독소를 배출한다. 이 과정에서 근육 속에 쌓이는 젖산까지 몸밖으로 배출해 주기 때문에 피로회복에 좋다.

3 살균효과

식초의 초산을 음식에 투여하면 음식에 있던 식중독균이 죽게 된다. 식중독균은 약산성과 알칼리성에서만 살 수 있는데, 식초의 초산은 강한 산성이라 식중독균이 살 수 없기 때문이다. 그런 이유로 음식에 식초를 넣으면 미생물

의 번식이 억제되어서 특히 여름철 식중독 예방에 좋다. 또한 익히지 않은 음
식을 먹을 때 식초를 살짝 넣어서 먹으면 좋다.

4 항암효과

몸속 세포가 노화되는 과정에서 활성산소가 발생한다. 활성산소는 몸을 산
성화시키면서 세포에 변형을 일으켜 암세포를 발생하게 하는데, 몸이 알칼리
가 되면 그 기능이 저지된다. 식초는 밖에서는 산성이지만 섭취 후 몸속에 들
어가면 알칼리성으로 변하기 때문에 활성산소의 발생을 억제해서 암세포가
생기는 것을 예방한다.

5 생활습관병 예방

식초에 있는 유기산은 혈액 내에 콜레스테롤이 쌓이는 것을 막아 혈액순환
을 원활하게 해준다. 그래서 각종 생활습관병을 예방해 주며 몸속 노폐물의
배설을 촉진해서 변비에 좋고, 몸속 나트륨을 배출하게 해서 혈압을 낮추어
고혈압 예방에도 좋다.

6 미용효과

천연식초에는 비타민 C가 풍부해 콜라겐의 활성을 좋게 한다. 이 콜라겐은
피부 및 조직세포, 잇몸, 혈관, 뼈, 치아성장에 관여하는 단백질로 콜라겐이
풍부하면 주름이 덜 생기고 피부재생력이 좋아진다. 식초를 꾸준히 먹으면 체
내에 지방이 쌓이는 것을 예방해 주기 때문에 다이어트에도 좋다.

식초의 분류

양조식초

양조식초는 천연 발효식초와 일반 양조식초로 나누어진다. 곡류, 과실류, 주류 등을 주원료로 하여 공기 중에 떠 있는 균에 의해 알코올 발효 과정을 거치고 장기간 초산 발효시켜 제조한 식초를 천연 발효식초라고 한다. 천연 발효식초는 유기산과 각종 미네랄이 풍부해 건강에 아주 좋다. 다만 이렇게 식초를 발효시키려면 시간이 오래 걸리기 때문에 시판되는 양조식초는 원재료에 알코올 상태인 곡물의 주정을 넣고 초산 발효시키거나, 적합한 효모를 주입하여 단기간에 양조하는 방법으로 만들어진다. 식초를 만들 때 설탕 등의 당을 넣거나 누룩, 이스트와 같이 발효를 촉진시키는 재료를 넣는 이유는 이렇게 식초를 만들면 발효가 빠르게 진행되기도 하고 식초의 질도 높아지기 때문이다. 일반적으로 이런 발효 촉진 물질들을 넣지 않아도 식초가 만들어지기는 하지만 그렇게 하면 진행이 느리고 식초의 질이 떨어진다.

양조식초의 종류에는 쌀, 옥수수, 밀, 보리 등으로 만든 곡류식초인 현미식초, 몰트(맥아)식초, 흑초, 막걸리식초 등이 있고, 사과, 포도 등의 과일을 이용해 알코올 발효 과정을 거쳐서 만든 과일식초에는 감식초, 매실식초, 포도식초, 사과식초, 발사믹식초 등이 있다. 또한 주정식초의 가장 대표적인 식초에는 포도주를 발효시켜서 만든 와인식초가 있다.

합성식초

합성식초란 아세트산에 당류, 화학조미료 등을 가미한 것으로 빙초산 또는 초산을 음용수로 희석하여 만든 식초를 말한다. 빙초산은 순도 99% 이상의 아세트산으로, 순도가 높은 초산은 상온에서 고체 상태여서 빙초산이라 불린다. 이런 빙초산은 상온에 그냥 뚜껑을 열어 놓으면 휘발하므로 반드시 뚜껑을 닫아놓고 사용한다. 또한 빙초산이 살에 닿게 되면 화상을 입기 때문에 조심하는 것이 좋다. 과거에 국물이 많이 나지 않게 하면서 신맛을 낼 때 사용했는데 요즘은 많이 쓰지 않는다.

이런 합성식초에 각종 과일 향 등을 입혀서 가짜 양조식초를 만들어 판매하는 경우가 있으니 식초를 구입할 때는 합성식초인지 양조식초인지 잘 알아보고 구매하는 것이 중요하다.

현미식초

Vinegar Note

산도 4~7%

발효 및 숙성기간 6개월~1년

맛 부드러우면서 깨끗한 맛

활용 음식 배추겉절이, 골뱅이무침, 양상추샐러드

> **식초 이야기**

백미보다 단백질, 식이섬유가 풍부한 현미로 식초를 만들면 맛이 부드럽고 아미노산 함량이 풍부해서 다양한 요리에 활용할 수 있다. 현미식초는 같이 먹는 채소에 포함된 비타민 C를 활성화시켜서 체내 이용률을 높여 준다. 또한 현미식초를 장복하면 당뇨와 고혈압을 예방할 수 있고, 체내 혈액에 쌓인 젖산을 분해시키기 때문에 격렬한 운동을 하고 난 다음 먹으면 좋다. 특히 피곤할 때 먹으면 피로를 풀어 준다. 공복에 먹기보다는 식사 중에 음식과 같이 섭취하거나 디저트에 타서 마시는 것이 좋다. 현미식초는 맛이 부드러우면서 깨끗하기 때문에 대부분의 재료와 잘 어울린다. 그중 채소의 맛은 더 잘 살려 주고, 해산물은 특유의 비린 맛을 제거해 주기 때문에 겉절이, 초고추장, 샐러드에 사용하면 좋다.

▶ 재료

현미 20%

누룩 10%

물 70%

▶ 만드는 법

1. 현미는 씻어서 하룻밤 불린 다음 체에 밭쳐서 물기를 제거한다.

2. ①을 김이 오른 찜기에 넣어서 2시간 정도 푹 찐다.

3. 찐 쌀은 상온에서 식힌 다음 누룩, 물과 섞어서 항아리에 넣고 4~5일간 발효한 후 걸러서 다시 항아리에 넣는다.

4. ③의 항아리 입구를 천으로 막고 둘레를 끈으로 묶은 다음 그 위에 10원짜리 동전을 올려놓고 뚜껑을 덮는다. 항아리를 수시로 흔들어 가면서 동전의 색이 변할 때까지 둔다.

5. 동전의 색이 변하면 고운체나 망에 걸러서 앙금을 제거한다.

6. 유리병이나 보관용기에 담아서 용기째 70℃ 정도의 물에 중탕 소독한다. 서늘하고 해가 들지 않는 곳에서 숙성시킨다.

막걸리식초

Vinegar Note

산도 4~7%

발효 및 숙성기간 3개월~1년

맛 은은한 단맛과 신맛이 어우러진 부드러운 맛

활용 음식 홍어무침, 도라지생채, 초간장

식초 이야기

쌀을 하룻밤 불린 다음 고두밥을 지어서 누룩과 물을 섞어 일주일 정도 발효하면 술이 된다. 이 술을 걸러서 만든 막걸리를 초두루미(식초 항아리)나 항아리에 넣어서 3개월 이상 발효시켜 위에 생기는 맑은 액체를 따른 것이 막걸리식초다. 이 막걸리식초는 다양한 요리에 활용하는 전통 식초로 우리 조상들이 오랫동안 먹어왔던 식초다. 막걸리식초에는 각종 무기질인 칼슘, 철분과 비타민, 탄수화물, 단백질, 식이섬유가 풍부하다. 특히 비타민 C의 활성을 돕고 장의 활동을 촉진시키는 역할을 한다. 막걸리식초와 비슷한 다른 나라의 식초로는 중국의 노진식초(첸쿠식초), 일본의 사케식초가 있다. 막걸리식초는 은은한 단맛으로 홍어, 간재미(가오리) 등의 톡 쏘는 냄새를 순화시키며 육질을 부드럽게 한다.

▶ 재료

쌀 20%

누룩 10%

물 70%

▶ 만드는 법

1. 쌀은 씻어서 하룻밤 불린 다음 체에 밭쳐서 물기를 제거한다.

2. ①을 김이 오른 찜기에 넣어서 2시간 정도 푹 찐다.

3. 찐 쌀은 상온에서 식힌 다음 누룩, 물과 섞어서 항아리에 넣고 4~5일간 발효한 후 걸러서 다시 항아리에 넣는다.

4. ③의 항아리 입구를 천으로 막고 둘레를 끈으로 묶은 다음 그 위에 10원짜리 동전을 올려놓고 뚜껑을 덮는다. 항아리를 수시로 흔들어 가면서 동전의 색이 변할 때까지 둔다.

5. 동전의 색이 변하면 고운체나 망에 걸러서 앙금을 제거한다.

6. 유리병이나 보관용기에 담아서 용기째 70℃ 정도의 물에 중탕 소독한다. 서늘하고 해가 들지 않는 곳에서 숙성시킨다.

흑초

Vinegar Note

산도 2~4%

발효 및 숙성기간 1년 이상

맛 약한 신맛에 강한 단맛

활용 음식 바비큐, 쇠고기마리네이드 샐러드

식초 이야기

흑초란 현미나 쌀, 밀, 보리와 다른 곡물을 발효시켜 숙성하는 과정에서 색이 검게 변한 식초를 말하며 각종 아미노산이나 유기산이 풍부하다. 처음 흑초가 만들어진 것은 1500년 전 중국이다. 중국의 진강 유역에서 만들어진 것이 그 기원으로, 식초 색이 갈색이나 흑색을 띤다고 해서 흑초라 부른다. 흑초가 세계적으로 이목을 끌게 된 것은 일본의 장수마을로 유명한 가고시마 현에서 흑초를 많이 먹고 이로 인해 장수하는 사람이 많아졌다고 알려지면서부터다. 현재 우리나라에는 중국의 흑초보다 일본의 흑초가 많이 수입된다. 요즘은 흑초 자체보다는 흑초를 사용한 음료가 많이 판매되고 있다. 흑초는 고기의 육질을 연하게 하고 특히 바비큐를 할 때 소스에 사용하면 풍미를 더 좋게 한다.

▶ **재료**

쌀(현미) 20%

누룩 10%

물 70%

▶ **만드는 법**

1. 현미는 씻어서 하룻밤 불린 다음 체에 밭쳐서 물기를 제거한다.
2. ①을 김이 오른 찜기에 넣어서 2시간 정도 푹 찐다.
3. 찐 현미는 상온에서 식힌 다음 누룩, 물과 섞어 항아리에 넣고 4~5일간 발효한 후 걸러서 다시 항아리에 넣는다.
4. ③의 항아리 입구를 천으로 막고 둘레를 끈으로 묶은 다음 그 위에 10원짜리 동전을 올려놓고 뚜껑을 덮는다. 항아리를 수시로 흔들어 가면서 동전의 색이 변할 때까지 둔다.
5. 동전의 색이 변하면 고운체나 망에 걸러서 앙금을 제거한다.
6. 유리병이나 보관용기에 담아서 용기째 70℃ 정도의 물에 중탕 소독한다. 서늘하고 해가 들지 않는 곳에서 1년 이상 숙성시킨다.

옥수수식초

산도 4~7%

발효 및 숙성기간 6개월~1년

맛 잡맛이 나지 않고 깨끗한 맛

활용 음식 모둠전의 초간장, 문어초회, 튀김소스

식초 이야기

옥수수의 원산지는 남아메리카의 안데스산맥으로 척박한 땅에서도 잘 자라는 식물이다. 옥수수에는 비타민 E와 토코페롤이 풍부하기 때문에 피부가 건조해지는 것을 막아 주고 노화를 예방한다. 또한 옥수수는 식이섬유가 풍부해 장운동을 활발하게 해서 변비에 좋으며, 비타민 A가 풍부해 눈 건강에도 좋다. 품질이 좋은 옥수수를 고르려면 알이 고르면서 단단하고 상처가 없는 것으로 고른다. 옥수수식초는 깨끗한 맛으로 기름진 음식의 맛을 깔끔하게 하고 느끼한 맛을 덜 나게 한다. 샐러드, 초간장, 초고추장, 무침장 등에 사용하면 좋다.

▶ 재료

옥수수 30%

누룩 10%

물 60%

▶ 만드는 법

1. 옥수수는 씻어서 하룻밤 불린 다음 체에 밭쳐서 물기를 제거한다.

2. ①을 김이 오른 찜기에 넣어서 2시간 정도 푹 찐다.

3. 찐 옥수수는 상온에서 식힌 다음 누룩, 물과 섞어서 항아리에 넣고 4~5일간 발효한 후 걸러서 다시 항아리에 넣는다.

4. ③의 항아리 입구를 천으로 막고 둘레를 끈으로 묶은 다음 그 위에 10원짜리 동전을 올려놓고 뚜껑을 덮는다. 항아리를 수시로 흔들어 가면서 동전의 색이 변할 때까지 둔다.

5. 동전의 색이 변하면 고운체나 망에 걸러서 앙금을 제거한다.

6. 유리병이나 보관용기에 담아서 용기째 70℃ 정도의 물에 중탕 소독한다. 서늘하고 해가 들지 않는 곳에서 숙성시킨다.

팥식초

산도 4~7%

발효 및 숙성기간 6개월~1년

맛 끝 맛이 달면서 은은한 맛

활용 음식 모둠콩샐러드, 채소초밥, 해물초무침

식 초 이야기

팥은 오랫동안 동양에서 재배되어 온 작물이며 우리나라는 중국에서 들여와 재배하기 시작한 것으로 추정된다. 〈동의보감〉에 팥은 차지도 따뜻하지도 않고 맛은 달면서 시고 독이 없는 작물이라 기록되어 있다. 팥에는 단백질, 탄수화물, 칼슘, 인, 비타민 B_1·B_2, 식이섬유, 철분, 사포닌이 풍부하다. 팥은 다른 콩과의 식물보다 탄수화물이 많아서 식초를 만들 때 다른 곡물을 넣지 않아도 식초가 잘 만들어진다. 특히 완성된 식초를 장복할 경우 이뇨를 도와 다이어트에도 좋고, 풍부한 식이섬유로 인해서 변비에도 좋다. 팥식초의 은은한 맛은 콩이나 채소, 해초(해조류)와도 잘 어울리고 전체적으로 순한 맛의 요리를 할 때 잘 어울린다.

▶ 재료

팥 20%

누룩 10%

물 70%

▶ 만드는 법

1. 팥은 씻어서 하룻밤 불린 다음 체에 밭쳐서 물기를 제거한다.

2. 냄비에 물을 넉넉히 부어서 끓이다가 물이 끓으면 물을 따라낸 다음 다시 물을 붓고 팥알이 퍼질 정도로 푹 끓인다.

3. 삶은 팥은 그 물과 함께 상온에서 식힌 다음 누룩, 물과 섞어 항아리에 넣고 4~5일간 발효한 다음 걸러서 다시 항아리에 넣는다.

4. ③의 항아리 입구를 천으로 막고 둘레를 끈으로 묶은 다음 그 위에 10원짜리 동전을 올려놓고 뚜껑을 덮는다. 항아리를 수시로 흔들어 가면서 동전의 색이 변할 때까지 둔다.

5. 동전의 색이 변하면 고운체나 망에 걸러서 앙금을 제거한다.

6. 유리병이나 보관용기에 담아서 용기째 70℃ 정도의 물에 중탕 소독한다. 서늘하고 해가 들지 않는 곳에서 숙성시킨다.

흑미식초

Vinegar Note

산도 4~7%

발효 및 숙성기간 6개월

맛 끝에 살짝 단맛이 나면서 부드러운 맛

활용 음식 생선구이, 조개무침, LA갈비

식초 이야기

흑미에는 안토시아닌계 색소가 들어 있어 검은색을 띠는데, 검은콩의 4배에 달할 정도로 많은 안토시아닌 색소를 함유하고 있다. 안토시아닌 색소는 혈관 속의 노폐물을 제거하고 모세혈관을 보호하며 항암효과가 있다. 흑미는 백미보다 단백질, 지방, 인, 칼슘, 철 같은 무기질, 비타민 $B_1 \cdot B_2 \cdot E$ 등이 풍부하고 식이섬유도 풍부하다. 또한 면역력을 키워 주어서 질병을 예방하고 노화방지나 피부미용에도 많은 효능을 나타낸다. 흑미로 술을 만들어 식초를 만들어도 되고 천연 현미식초 등에 흑미를 우리면 쉽게 식초를 만들 수 있다. 흑미는 단맛이 나서 조개나 생선의 비린 맛을 순하게 하고, 고기의 육질을 부드럽게 하면서 고기 특유의 단맛을 끌어올려 준다.

▶ 재료

흑미 5%

현미 15%

누룩 10%

물 70%

▶ 만드는 법

1. 흑미와 쌀(현미)은 씻어서 물(분량 외)과 쌀을 1:1의 비율로 넣은 다음 하룻밤 불린다.

2. 냄비에 ①의 재료를 넣어서 고두밥을 한다.

3. 완성된 밥은 상온에서 식힌 다음 누룩, 물과 섞어 항아리에 넣고 4~5일간 발효한 후 걸러서 다시 항아리에 넣는다.

4. ③의 항아리 입구를 천으로 막고 둘레를 끈으로 묶은 다음 그 위에 10원짜리 동전을 올려놓고 뚜껑을 덮는다. 항아리를 수시로 흔들어 가면서 동전의 색이 변할 때까지 둔다.

5. 동전의 색이 변하면 고운체나 망에 걸러서 앙금을 제거한다.

6. 유리병이나 보관용기에 담아서 용기째 70℃ 정도의 물에 중탕 소독한다. 서늘하고 해가 들지 않는 곳에서 6개월 정도 숙성시킨다.

검은콩식초

Vinegar Note

산도 4~7%

발효 및 숙성기간 1개월~3개월

맛 부드러운 단맛

활용 음식 해초무침, 죽순버섯무침, 갑오징어냉채

**식 초
이야기**

블랙푸드의 대표주자인 검은콩에는 이소플라본이라는 성분이 있어 뼈의 성장과 재생에 도움이 되며, 항산화 효과가 있어 항암에도 탁월한 효능이 있다. 이 밖에도 검은콩의 플라보노이드 색소는 노화방지에 좋으며, 사포닌이 활성산소를 없애 줌으로써 혈관을 튼튼하게 해주고 심장병이나 동맥경화를 예방한다. 검은콩은 피부에 좋은 콜라겐도 활성화시키기 때문에 피부미용에 좋으며 풍부한 레시틴이 뇌를 건강하게 해준다. 블랙푸드는 특히 탈모예방에도 좋다. 식초에 우린 콩을 초콩이라고 하는데, 초콩을 꾸준히 먹게 되면 다이어트에도 좋다. 검은콩을 우려서 만든 식초는 신맛과 단맛이 잘 어우러져 특별한 맛이 없는 버섯이나 죽순 등을 무칠 때 넣으면 단맛을 나게 한다. 또한 해초의 비린내를 제거해주며 질긴 해산물을 연하게 한다.

▶ 재료

천연 현미식초
90%

약콩 10%

▶ 만드는 법

1. 약콩은 마른 천으로 닦은 다음 잡티를 골라낸다.
2. ①의 약콩은 채반에 담아서 햇볕에 잘 말린다.
3. 항아리에 천연 현미식초와 약콩을 9:1의 비율로 넣는다.
4. 항아리 입구를 천으로 막고 둘레를 끈으로 묶은 다음 뚜껑을 덮고 통풍이 잘되면서 해가 들지 않는 곳에 2개월간 숙성시킨다.

홍초

Vinegar Note

산도 4~7%

발효 및 숙성기간 1~3개월

맛 신맛과 단맛, 매운맛이 모두 난다.

활용 음식 생선커틀릿드레싱, 쇠고기튀김의 매운 소스

식초 이야기

홍초의 원료가 되는 것은 홍미(붉은 쌀)다. 홍미는 불려서 찐 쌀에 모나스쿠스(홍국균)라는 곰팡이를 배양한 후 말려서 유통시키는 것을 말한다. 이 홍미를 이용해 만들어진 식초는 밝은 홍색을 띤다고 해서 홍초라고 한다. 홍미는 콜레스테롤 수치를 낮추고, 체내 어혈을 없애며 꾸준히 먹을 경우 몸에 좋은 콜레스테롤이 증가한다. 요즘 홍초라고 하는 것은 붉은색을 띠는 모든 식초로 통하기도 한다. 과일, 잡곡 등의 재료를 이용해 만든 식초라도 붉은색이 나면 홍초라고 하기도 한다. 원래 홍국균으로 만든 홍초는 끝에 매운맛이 나서 해초나 해산물과 잘 어울린다. 특별한 양념 없이 홍초와 간장만 있어도 식재료의 맛을 더 좋게 하며 고기 누린내도 잡아 주고 연육작용도 한다. 홍초의 자극적인 맛이 순한 맛의 재료와 합쳐져 독특한 맛을 낸다.

▶ **재료**

홍미(붉은 쌀) 10%

현미 20%

정제수 70%

▶ **만드는 법**

1. 홍미, 현미와 물을 냄비에 넣어서 고두밥을 한다.

2. ①의 밥을 식힌 다음 물과 섞어서 항아리에 넣고 4~5일간 발효한 후 걸러서 다시 항아리에 넣는다.

3. ②의 항아리 입구를 천으로 막고 둘레를 끈으로 묶은 다음 그 위에 10원짜리 동전을 올려놓고 뚜껑을 덮는다. 항아리를 수시로 흔들어 가면서 동전의 색이 변할 때까지 둔다.

4. 동전의 색이 변하면 고운체나 망에 걸러서 앙금을 제거한다.

5. 유리병이나 보관용기에 담아서 용기째 70℃ 정도의 물에 중탕 소독한다. 서늘하고 해가 들지 않는 곳에서 숙성시킨다.

사과식초

Vinegar Note

산도 4~7%

발효 및 숙성기간 6개월 이상

맛 단맛과 은은한 사과맛

활용 음식 돼지고기튀김, 쇠고기구이, 채소볶음

식초 이야기

사과는 과육 중 수분이 86%이며, 과당, 포도당, 솔비톨, 유기산 등으로 구성되어 있다. 사과에는 펙틴이 풍부한데, 이 펙틴은 변비를 예방하고, 대장암 예방, 혈당조절, 콜레스테롤 수치를 낮추는 데 효과가 있다. 과당이나 포도당 등의 당분이 식초를 만들고 난 다음에도 남아 있어 다른 식초보다 향이나 맛이 좋다. 사과식초는 사이다식초라고도 하며 탄산을 넣어서 음료로 마시기도 한다. 주로 북동 아메리카, 프랑스 노르망디와 영국 남서부에서 오랫동안 이용되었다. 사과식초는 돼지고기 요리나 느끼한 요리에 넣으면 특유의 사과향과 단맛이 고기의 맛을 풍부하게 하고, 사과의 산뜻한 맛이 느끼한 맛을 줄여 주어 음식을 먹고 난 다음 만족도를 더 높인다.

▶ **재료**

사과 80%

설탕 20%

이스트 2%

▶ **만드는 법**

1. 사과는 씻은 다음 믹서에 갈거나 즙을 낸 후 항아리에 설탕, 이스트와 같이 넣는다.
2. ①의 항아리 입구를 천으로 막고 둘레를 끈으로 묶은 다음 뚜껑을 덮는다.
3. ②의 항아리를 수시로 흔들어 가면서 6개월 이상 숙성시킨다.
4. 믹서에 간 경우 체나 면보에 걸러서 병에 담아 용기째 70℃ 정도의 물에 중탕 소독한다. 해가 들지 않고 서늘한 곳에 보관한다.

매실식초

Vinegar Note

산도 4~7%

발효 및 숙성기간 6개월 이상

맛 톡 쏘면서 강한 신맛

활용 음식 불고기양념, 홍합나물샐러드, 회덮밥

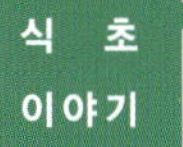

식 초 이야기

매실은 다른 과일에 비해 유기산이 풍부하기 때문에 건강에 좋다. 특히 시트르산이 풍부해 피로를 풀어 주고, 피루브산은 간에 쌓인 독을 해독하는 효과가 있으며, 카테킨산은 식중독을 예방해 준다. 하지만 '아미그달린'이라는 독성 물질이 있어 날것으로 먹으면 중독이 생길 수 있기 때문에 발효를 시켜서 먹는 것이 좋다. 따라서 설탕을 이용해 매실액을 추출해서 3개월 이상 숙성시킨 다음 사용한다. 매실식초는 다른 과일을 이용해 만든 식초에 비해 과육 자체의 신맛으로 내는 식초다. 매실은 잘 익은 것으로 데친 다음 식초를 만들면 겉에 있는 불순물도 제거되고 과즙도 더 잘 나온다. 매실식초를 불고기 양념에 넣으면 고기의 맛이 산뜻해지고 해산물이나 초고추장에 넣어서 조리하면 전체적인 맛의 균형을 잡아 준다.

▶ 재료

매실 80%
설탕 20%

▶ 만드는 법

1. 매실은 씻은 다음 끓는 물에 살짝 데쳐 항아리에 설탕과 같이 넣는다.
2. ①의 항아리 입구를 천으로 막고 둘레를 끈으로 묶은 다음 뚜껑을 덮는다.
3. ②의 항아리를 수시로 흔들어 가면서 6개월 이상 숙성시킨다.
4. ③의 재료를 체에 걸러서 병이나 항아리에 담아 용기째 70℃ 정도의 물에 중탕 소독한다. 해가 들지 않고 서늘한 곳에 보관한다.

오미자식초

Vinegar Note

산도 4~7%

발효 및 숙성기간 6개월 이상

맛 새콤하면서 은은한 단맛과 씁쓸한 맛

활용 음식 쿠키, 불고기양념, 상추겉절이

식초 이야기

오미자는 신맛, 쓴맛, 단맛, 매운맛, 짠맛의 5가지 맛이 난다고 해서 '오미자'라는 이름이 붙었다. 오미자의 산도는 다른 과일에 비해 아주 높은 편이기 때문에 만들 때 설탕, 정제수를 넣어야 적당한 산도의 식초를 만들 수 있다. 오미자는 폐의 기능에 도움을 주어 기침, 가래 등에 좋고, 혈당을 낮춰 주기 때문에 장복하면 당뇨에도 좋다. 오미자에서 나는 신맛의 주성분인 사과산과 주석산 등의 유기산은 혈액에 쌓인 젖산을 몸밖으로 배출해 주어 피로회복에도 좋고 비타민 C가 풍부하게 함유되어 있어 피부미용에도 많은 도움을 준다. 오미자 식초의 다양한 풍미와 맛은 식욕을 돋운다. 특히 쿠키를 만들 때 넣으면 밀가루 특유의 냄새를 제거해 주며, 오미자식초로 겉절이를 할 경우 다른 양념과 잘 어우러진다. 고기를 잴 때 넣으면 고기를 연하게 하며 누린내도 제거한다.

▶ 재료

생오미자 50%

설탕 20%

정제수 30%

▶ 만드는 법

1. 오미자는 헹군 다음 물기를 제거하고 항아리에 설탕, 정제수와 같이 넣는다.
2. ①의 재료를 항아리에 넣고 입구를 천으로 막아 둘레를 끈으로 묶은 다음 뚜껑을 덮는다.
3. ②의 항아리를 수시로 흔들어 가면서 6개월 이상 숙성시킨다.
4. ③의 재료를 체나 면보에 걸러서 병에 담아 용기째 70℃ 정도의 물에 중탕 소독한다. 해가 들지 않고 서늘한 곳에 보관한다.

Tip 생오미자와 현미식초를 2:8의 비율로 항아리에 넣고 2개월 정도 숙성시켜도 오미자식초를 만들 수 있습니다.

오디식초

Vinegar Note

산도 4~7%

발효 및 숙성기간 6개월 이상

맛 단맛

활용 음식 오디생크림 슬러시, 오디잼, 치킨바비큐

식 초 이야기

오디는 뽕나무 열매를 말하는 것으로 6~7월이 제철이다. 오디에는 당분, 카로틴, 타닌, 사과산, 비타민 B_1·B_2·C 등이 풍부하고 식이섬유도 풍부하다. 오디식초를 만들 때는 오디 색이 너무 진하기 때문에 색을 조금 희석시키기 위해 정제수를 넣는다. 다만 다른 과일에 비해 산이 거의 없기 때문에 빠른 발효를 위해서 이스트나 누룩을 5% 이내로 넣으면 발효가 훨씬 더 잘 된다. 이 방법이 번거로우면 오디를 천연식초에 우려 사용하면 색과 맛이 좋아 다양하게 조리할 수 있다. 오디식초는 다른 식초보다 단맛이 많이 나기 때문에 요거트와 같이 먹으면 요거트의 신맛을 줄여 주며, 닭요리에 넣으면 고기의 육질을 부드럽게 한다.

▶ 재료

오디 50%

설탕 20%

이스트 3%

정제수 30%

▶ 만드는 법

1. 오디는 젖은 면보로 닦은 다음 항아리에 설탕, 이스트, 정제수와 같이 넣는다.
2. 항아리 입구를 천으로 막고 둘레를 끈으로 묶은 다음 뚜껑을 덮는다.
3. ②의 항아리를 수시로 흔들어 가면서 6개월 이상 숙성시킨다.
4. ③의 재료를 체나 면보에 걸러서 병에 담아 용기째 70℃ 정도의 물에 중탕 소독한다. 해가 들지 않고 서늘한 곳에 보관한다.

Tip 생오디와 현미식초를 1:9의 비율로 항아리에 넣고 2개월 정도 숙성시켜도 오디식초를 만들 수 있습니다.

딸기식초

산도 4~7%

발효 및 숙성기간 6개월 이상

맛 단맛과 신맛

활용 음식 딸기푸딩, 초코쿠키, 과일샐러드드레싱

식 초 이야기

요즘은 노지 딸기보다는 하우스에서 생산되는 딸기가 많다 보니 딸기의 제철이 원래보다 앞당겨져서 봄에 딸기 맛이 더 좋다. 하우스 딸기의 경우 농약 등을 뿌렸을 수도 있기 때문에 딸기를 식초에 잠깐 담갔다가 물기를 제거한 다음 식초를 만들어야 발효가 더 잘 이뤄진다. 딸기는 비타민 함유량이 과일 중에서 가장 높기 때문에 딸기로 만든 식초를 우유와 같이 섭취하게 되면 비타민 C가 철분의 흡수를 돕고 빈혈 등을 예방할 수 있다. 딸기는 다른 과일에 비해 수분이 많으면서 단맛과 신맛도 풍부해 발효할 때 설탕을 많이 넣지는 않는다. 병에 담을 때도 다른 과일보다 위로 많이 떠오르기 때문에 용기의 반 정도만 채워서 발효시킨다. 딸기식초는 딸기의 향이 풍부해서 푸딩 등을 만들 때 첨가하면 향과 맛이 더 좋아진다.

▶ 재료

딸기 90%

설탕 10%

식초 1/2컵
(딸기 소독용)

▶ 만드는 법

1. 딸기는 식초에 10분간 담갔다가 면보로 닦은 다음 꼭지를 제거하고 으깨서 항아리에 설탕과 같이 넣는다.
2. 항아리 입구를 천으로 막고 둘레를 끈으로 묶은 다음 뚜껑을 덮는다.
3. ②의 항아리를 수시로 흔들어 가면서 6개월 이상 숙성시킨다.
4. ③의 재료를 체나 면보에 걸러서 병에 담아 용기째 70℃ 정도의 물에 중탕 소독한다. 해가 들지 않고 서늘한 곳에 보관한다.

Tip 딸기와 현미식초를 2:8의 비율로 항아리에 넣고 2개월 정도 숙성시켜도 딸기식초를 만들 수 있습니다.

복분자식초

V i n e g a r   n o t e

산도 4~7%
발효 및 숙성기간 6개월 이상
맛 단맛
활용 음식 장어구이, 장어튀김

식 초 이 야 기

복분자는 산딸기의 다른 말로 복분자를 먹고 소변을 보면 소변줄기가 너무 세서 요강이 엎어진다 하여 붙여진 이름이다. 신맛보다는 단맛이 많이 나고 5~6월이 제철이다. 이 시기에 수확한 복분자에 설탕을 조금 넣어서 발효하거나 천연식초에 담가 두면 색이 예쁜 복분자식초가 된다. 신장의 기능을 향상시켜 정력이 떨어지는 것을 막고, 여성의 생식기능을 좋아지게 한다. 또 혈당을 낮춰 당뇨가 있는 사람이 먹으면 좋다. 복분자식초는 특히 장어와 잘 어울린다. 장어의 흙내를 없애 주며 육질을 부드럽게 한다. 장어 뼈를 복분자식초에 조금 담갔다가 튀기면 훨씬 부드러우면서 바삭하고 비린 맛이 나지 않는다. 장어구이 소스에 복분자식초를 넣어도 맛과 향이 좋아 음식궁합이 잘 맞는다.

▶ 재료

복분자 80%
설탕 20%

▶ 만드는 법

1. 복분자는 젖은 면보로 닦은 다음 항아리에 설탕과 같이 넣는다.
2. 항아리 입구를 천으로 막고 둘레를 끈으로 묶은 다음 뚜껑을 덮는다.
3. ②의 항아리를 수시로 흔들어 가면서 6개월 이상 숙성시킨다.
4. ③의 재료를 체나 면보에 걸러서 병에 담아 용기째 70℃ 정도의 물에 중탕 소독한다. 해가 들지 않고 서늘한 곳에 보관한다.

Tip 복분자와 현미식초를 2:8의 비율로 항아리에 넣고 2개월 정도 숙성시켜도 복분자식초를 만들 수 있습니다.

블루베리식초

산도 4~7%

발효 및 숙성기간 3개월

맛 단맛

활용 음식 생선요리, 요거트, 육류샐러드, 육류튀김

식초 이야기

블루베리는 북아메리카가 원산지인데 최근 들어 우리나라에서도 블루베리 농사를 짓기 시작했다. 구하기가 쉬워지고 값도 저렴해져서 다양한 요리에 활용한다. 블루베리에는 혈액을 맑게 해주는 안토시아닌계 색소가 많이 들어 있다. 또한 블루베리에 들어 있는 테로스틸벤이라는 효소는 체내의 콜레스테롤 수치를 낮춰 주어 생활습관병을 예방하고, 피부노화를 늦춘다. 블루베리를 잘 닦아서 식초에 넣어 밀폐한 다음 서늘한 곳에서 1개월 이상 우려내면 향과 맛이 좋은 블루베리식초가 된다. 블루베리가 좀 더 많을 경우 으깨서 설탕과 섞어 자연 발효시키면 더 부드러운 향이 난다. 블루베리식초는 특히 유제품과 잘 어울려서 디저트에 시럽으로 만들어서 사용하거나 소스, 드레싱을 만들 때 넣으면 색도 예쁘고 약간 달면서 상큼한 맛이 입맛을 돋우며 소화에 도움을 준다.

▶ 재료

블루베리 90%

설탕 10%

이스트 2%

▶ 만드는 법

1. 블루베리는 젖은 면보로 닦은 다음 항아리에 설탕, 이스트와 같이 넣는다.
2. 항아리 입구를 천으로 막고 둘레를 끈으로 묶은 다음 뚜껑을 덮는다.
3. ②의 항아리를 수시로 흔들어 가면서 3개월 정도 숙성시킨다.
4. ③의 재료를 체나 면보에 걸러서 병에 담아 용기째 70℃ 정도의 물에 중탕 소독한다. 해가 들지 않고 서늘한 곳에 보관한다.

Tip 블루베리와 화이트식초를 1:9의 비율로 항아리에 넣고 2개월 정도 숙성시켜도 블루베리식초를 만들 수 있습니다.

감식초

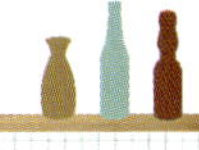

V i n e g a r   N o t e

산도 4~7%

발효 및 숙성기간 1년 이상

맛 톡 쏘는 신맛과 약간의 떫은맛

활용 음식 참나물겉절이, 육회무침, 흰살생선탕수

식초 이야기

감식초를 만들 때 홍시보다는 단감을 이용해야 식초의 맛과 향이 좋아진다. 또한 감식초를 담글 때 사용하는 항아리나 짚을 잘 소독해야 감식초의 향과 맛이 더 깊어지고 좋아진다. 식초를 만드는 과정 중에는 중간중간 항아리 뚜껑을 열어서 초막이 생기는지 확인하고 초막이 생기면 반드시 제거해야 맛있는 식초가 된다. 다른 재료를 이용해 만든 식초에 비해 향과 맛이 약간 떫으면서 순한 것이 특징이다. 감식초는 생활습관병을 예방해 주며, 골다공증과 빈혈에도 좋다. 체내 지방을 분해해 주고 비타민 E가 풍부해 피부에 좋으며 특히 기미에 좋다. 감식초를 이용해 요리를 할 경우 재료의 향이나 맛이 순한 것보다는 강한 것이 좋으며, 육류 요리에 특히 좋다.

▶ 재료

감 100%

▶ 만드는 법

1. 항아리에 짚을 넣어서 불을 붙인 다음 불이 꺼지면 항아리를 씻어서 물기를 제거한다.
2. 감을 씻어서 물기 없이 깨끗하게 닦은 다음 항아리에 차곡차곡 넣고 그 위에 뜨거운 물로 소독한 짚을 깐다. 항아리 입구를 천으로 막고 둘레를 끈으로 묶는다.
3. ②의 항아리 뚜껑을 덮어서 6개월 이상 보관한다.
4. 보관할 때 위에 생기는 초막을 걷어내면서 공기가 잘 통하도록 하고 초 냄새가 나면 체에 거른다.
5. 면보로 여러 번 거른 다음 맑은 감식초를 항아리에 담아 6개월 이상 숙성시켜서 먹는다.

바나나식초

산도 4~7%

발효 및 숙성기간 1~3개월

맛 은은한 단맛

활용 음식 식빵스프레드, 볶음쌀국수, 두유카푸치노

식초 이야기

바나나식초는 다이어트에 탁월한 효과가 있고 간단하게 만들 수 있어 좋다. 천연 현미식초에 바나나 과육을 넣어서 1개월 정도만 숙성하면 맛있는 바나나식초를 만들 수 있다. 바나나는 다른 과일에 비해 수분이 적으면서 탄수화물과 포도당이 풍부하다. 식이섬유도 많아서 변비와 설사에 좋고, 철분이 풍부해서 빈혈을 예방해 준다. 바나나식초를 만드는 방법은 다양하지만 발효시키는 방법보다 우리는 형식으로 식초를 만들었을 때 음용하기가 더 좋다. 바나나식초는 오랫동안 두면 점액성질이 나오기 때문에 식초를 만든 다음 2개월 정도 되면 먹기 시작한다. 식초를 만드는 데 사용한 과육은 단맛과 약간의 신맛이 나는데 버리지 말고 잼스프레드, 두유와 같이 넣어서 만든 카푸치노 등에 다양하게 활용할 수 있다.

▶ 재료

바나나 20%

천연 현미식초 80%

▶ 만드는 법

1. 바나나는 껍질을 벗긴 다음 썰어서 항아리에 천연 현미식초와 같이 넣는다.
2. 항아리 입구를 천으로 막고 둘레를 끈으로 묶은 다음 뚜껑을 덮는다.
3. ②의 항아리를 2개월간 해가 들지 않고 서늘한 곳에서 숙성시킨다.

Tip 바나나식초는 과육까지 다 사용하기 때문에 따로 거르지 않아도 좋습니다.

배식초

Vinegar Note

산도 4~7%

발효 및 숙성기간 6개월 이상

맛 톡 쏘는 신맛

활용 음식 쇠갈비구이, 갈비찜, 간장닭강정

식초 이야기

배는 다른 이름으로 생리生梨, 이자梨子, 쾌과快果라고도 한다. 그 모양이나 크기도 차이가 많아서 서양배, 중국배, 남방형의 동양배로 나누어지며 우리나라와 일본에서는 주로 남방형의 동양배를 재배한다. 과육의 수분은 89%로 많으며, 당분은 품종에 따라 차이가 있지만 10~12% 정도다. 배에 함유되어 있는 당의 종류는 설탕, 과당, 솔비톨, 포도당, 이노시톨 등이며 그 외에 사과산, 주석산, 시트르산, 유기산, 비타민 B·C 등도 풍부하다. 배는 기관지, 기침에 좋고, 식이섬유, 칼륨과 폴리페놀이 풍부해 당뇨와 변비를 예방해 준다. 배를 고를 때는 겉이 싱싱하면서 상처가 없고 묵직한 것을 고른다. 배식초는 부드러운 배향과 은은한 단맛이 나면서 고기의 육질을 연하게 하기 때문에 육류요리에 넣으면 질긴 고기도 부드럽게 해준다.

▶ **재료**

배 80%

누룩 5%

설탕 15%

▶ **만드는 법**

1. 배는 껍질을 벗긴 다음 강판에 갈아서 항아리에 설탕, 누룩과 같이 넣는다.
2. 항아리 입구를 천으로 막고 둘레를 끈으로 묶은 다음 뚜껑을 덮는다.
3. ②의 항아리를 수시로 흔들어 가면서 6개월 이상 숙성시킨다.
4. ③의 재료를 체나 면보에 걸러서 병에 담아 용기째 70℃ 정도의 물에 중탕 소독한다. 해가 들지 않고 서늘한 곳에 보관한다.

Tip 배와 현미식초를 2:8의 비율로 항아리에 넣고 2개월 정도 숙성시켜도 배식초를 만들 수 있습니다.

파인애플식초

Vinegar Note

산도 4~7%

발효 및 숙성기간 6개월 이상

맛 단맛과 톡 쏘는 신맛

활용 음식 해파리냉채소스, 쇠고기너비아니

**식 초
이야기**

파인애플에는 당분, 비타민 C, 시트르산, 수크로오스 등이 풍부하고 열매 안에 식이섬유와 수분이 풍부하다. 파인애플 식초를 만들 때 설탕을 조금 넣는데, 식초의 색을 그대로 유지하기 위해서는 백설탕을 넣지만 미네랄이나 다른 영양분을 더 좋게 하려면 천연 당을 넣어서 숙성시켜도 좋다. 천연 당을 넣어 만든 식초는 색이 검기 때문에 진한 색의 음식을 할 때 양념으로 넣는다. 파인애플에는 브로멜린이라는 단백질 분해효소가 있어 고기를 부드럽게 해준다. 이런 성분은 식초를 만든 다음에도 그대로 남아 있어 고기를 재거나 찜을 할 때 파인애플식초에 재었다가 하면 질긴 고기도 훨씬 부드럽게 먹을 수 있다. 파인애플식초를 만들고 난 과육은 버리지 말고 갈아서 소스나 드레싱 만들 때 활용하면 좋다.

▶ **재료**

**파인애플
과육** 90%

설탕 10%

이스트 2%

▶ **만드는 법**

1. 파인애플은 껍질을 벗긴 다음 믹서에 갈아서 항아리에 설탕, 이스트와 같이 넣는다.

2. 항아리 입구를 천으로 막고 둘레를 끈으로 묶은 다음 뚜껑을 덮는다.

3. ②의 항아리를 수시로 흔들어 가면서 6개월 이상 숙성시킨다.

4. ③의 재료를 체나 면보에 걸러서 병에 담아 용기째 70℃ 정도의 물에 중탕 소독한다. 해가 들지 않고 서늘한 곳에 보관한다.

Tip   파인애플과 현미식초를 2:8의 비율로 항아리에 넣고 2개월 정도 숙성시켜도 파인애플식초를 만들 수 있습니다.

토마토식초

Vinegar Note

산도 4~7%

발효 및 숙성기간 6개월 이상

맛 토마토 특유의 단맛과 부드러운 맛

활용 음식 페타치즈샐러드, 달걀샐러드, 해물볶음

식초 이야기

토마토는 과일처럼 먹지만 채소에 속하고 다양한 요리에 활용이 가능하다. 잘 익은 토마토에는 라이코펜이라는 성분이 들어 있는데 이 성분은 항산화 물질로 노화를 방지하고, 체내 독성물질을 밖으로 배출시켜 주며, 산성식품과 함께 먹으면 체질이 산성화 되는 것을 막아 주어 특히 좋다. 라이코펜은 지용성 비타민이기 때문에 토마토를 먹을 때 기름으로 조리해 먹으면 체내 흡수율이 높아진다. 토마토식초는 우유, 치즈 등의 재료와 잘 어울리고 면요리에도 잘 어울려서 토마토바질파스타, 페타치즈샐러드, 피자 등에 넣으면 맛도 좋고 영양적으로도 좋다. 토마토의 비타민 C가 우유에 있는 칼슘이 더 잘 흡수되도록 도와주기 때문이다.

▶ 재료

토마토 90%

설탕 10%

이스트 2%

▶ 만드는 법

1. 토마토는 씻어서 믹서에 간 다음 항아리에 설탕, 이스트와 같이 넣는다.
2. 항아리 입구를 천으로 막고 둘레를 끈으로 묶은 다음 뚜껑을 덮는다.
3. ②의 항아리를 수시로 흔들어 가면서 6개월 이상 숙성시킨다.
4. ③의 재료를 체나 면보에 걸러서 병에 담아 용기째 70℃ 정도의 물에 중탕 소독한다. 해가 들지 않고 서늘한 곳에 보관한다.

Tip 토마토와 현미식초를 2:8의 비율로 항아리에 넣고 1개월 이상 우려도 토마토식초를 만들 수 있습니다.

유자식초

V i n e g a r n o t e

산도 4~7%

발효 및 숙성기간 6개월 이상

맛 유자의 씁쓸한 맛

활용 음식 쇠고기탕수, 해물냉채, 채소굴소스볶음

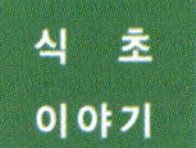

식초 이야기

중국 양쯔강 상류 지역이 원산지인 유자는 우리나라 남쪽 지역과 일본에서 많이 재배되고 있다. 가을에 수확하며 신맛이 강하면서 특유의 향이 있어 차로 마시면 좋고, 다양한 요리에 활용된다. 과즙에는 수분이 74% 정도이며, 비타민 C가 레몬보다 3배 정도 많이 함유되어 있어 감기와 피부미용에 좋다. 유자에 있는 헤스페리딘이라는 성분은 모세혈관을 보호해서 뇌혈관 장애와 풍을 예방해 주며 풍부한 식이섬유는 배설을 용이하게 해서 체내 노폐물을 배출시켜 준다. 유자식초 특유의 향은 생선이나 조개 등의 비린 맛을 없애 주어 조림을 하거나 탕을 끓일 때 조금 넣으면 국물 맛을 더 좋게 한다. 또한 드레싱, 볶음소스에 넣으면 재료의 맛을 더 살려 주고 먹고 난 다음 소화가 잘 된다.

▶ 재료

유자 90%
설탕 10%
이스트 2%

▶ 만드는 법

1. 유자는 소금으로 바락바락 문질러 씻은 다음 잘게 썰어서 항아리에 설탕, 이스트와 같이 넣는다.
2. 항아리 입구를 천으로 막고 둘레를 끈으로 묶은 다음 뚜껑을 덮는다.
3. ②의 항아리를 수시로 흔들어 가면서 6개월 이상 숙성시킨다.
4. ③의 재료를 체나 면보에 걸러서 병에 담아 용기째 70℃ 정도의 물에 중탕 소독한다. 해가 들지 않고 서늘한 곳에 보관한다.

Tip 유자와 현미식초를 1:9의 비율로 항아리에 넣고 1개월 이상 우려도 유자식초를 만들 수 있습니다.

레드와인식초

산도 6~7%

발효 및 숙성기간 1년 이상

맛 약간 떫으면서 신맛

활용 음식 비프스튜, 돈가스 소스, 햄버그스테이크 소스

식초 이야기

적포도로 즙을 내거나 으깨서 알코올 발효시킨 것을 다시 초산 발효시킨 것으로 포도의 종류나 발효법, 발효통, 발효온도, 저장 기간에 따라 맛과 향이 다른 것이 특징이다. 프랑스 각 지역마다 와인의 맛이 다르듯이 지역별로 생산되는 식초의 맛도 다르다. 일반적인 식초보다 초산이 높은 것이 특징이고 신맛이 좀 더 많이 난다. 레드와인식초의 종류에는 끼안띠, 모스카텔, 베르무트, 까바네 쇼비뇽, 진판델, 보르도 등 다양한 품종의 와인으로 만든 것들이 있다. 우리나라에도 다양한 종류의 레드와인식초가 수입되고 있다. 레드와인식초는 붉은색 육류와 특히 잘 어울려서 육류의 맛과 풍미를 더 좋게 해준다.

❶ 레드와인식초 만들기

▶ 재료

적포도 100%

▶ 만드는 법

1. 잘 익은 포도는 으깬 다음 오크통에 담아서 알코올 발효를 거친다.
2. ①의 즙을 체에 거른 다음 면보에 내려서 오크통에 담는다.
3. ②의 재료를 해가 들지 않고 온도가 일정한 곳에서 1년 이상 숙성시킨다.

❷ 레드와인식초 만들기 __가정에서 만들기

▶ 재료

적포도 80%

설탕 20%

이스트 2%

▶ 만드는 법

1. 잘 익은 포도는 으깬 다음 항아리에 이스트(효모로 대체 가능), 설탕과 같이 넣는다.
2. ①의 항아리 입구를 천으로 막고 둘레를 끈으로 묶은 다음 알코올 발효를 거친다.
3. ②의 즙을 체에 거른 다음 면보에 내려서 항아리나 병에 담는다.
4. ③의 재료를 해가 들지 않고 온도가 일정한 곳에서 6개월 이상 숙성시킨다.

화이트와인식초

Vinegar Note

산도 6~7%

발효 및 숙성기간 1년 이상

맛 끝 맛이 달면서 레드와인보다 신맛이 약함

활용 음식 생선튀김소스, 해물샐러드무침이나 드레싱

식초 이야기

청포도로 즙을 낸 다음 24시간 정도 두면 아래로는 침전물이 깔리고 위로는 맑은 포도주스로 분리된다. 이렇게 분리된 포도주스를 알코올 발효한 다음 다시 초산 발효한 것이 화이트와인식초다. 화이트와인식초도 레드와인식초와 마찬가지로 포도의 종류에 따라 맛이 다양하다. 대표적인 식초로는 디저트와인으로 유명한 바뉠스 지방에서 만든 식초와 샴페인, 샤또네이, 람부르스코, 피노누아, 모스카텔, 프로세코 등으로 만든 식초가 있다. 화이트와인식초는 흰색 육류, 생선, 해산물과 잘 어울리고 비린 맛과 누린내를 제거한다. 닭가슴살의 경우 미리 화이트와인식초로 잰 다음 조리하면 퍽퍽한 것을 줄일 수 있다.

❶ 화이트와인식초 만들기

▶ 재료

청포도 100%

▶ 만드는 법

1. 잘 익은 포도는 으깬 다음 오크통에 담아서 알코올 발효를 거친다.
2. ①의 즙을 체에 거른 다음 면보에 내려서 오크통에 담는다.
3. ②의 재료를 해가 들지 않고 온도가 일정한 곳에서 1년 이상 숙성시킨다.

❷ 화이트와인식초 만들기 __가정에서 만들기(6개월 소요)

▶ 재료

청포도 80%

설탕 20%

이스트 2%

▶ 만드는 법

1. 잘 익은 포도는 으깬 다음 항아리에 이스트(효모로 대체 가능), 설탕과 같이 넣는다.
2. ①의 항아리 입구를 천으로 막고 둘레를 끈으로 묶은 다음 뚜껑을 덮고 알코올 발효를 거친다.
3. ②의 즙을 체에 거른 다음 면보에 내려서 항아리나 병에 담는다.
4. ③의 재료를 해가 들지 않고 온도가 일정한 곳에서 6개월 이상 숙성시킨다.

레드발사믹식초

V i n e g a r   N o t e

산도 5~8%

발효 및 숙성기간 12년 이상

맛 시큼하면서 끝 맛은 단맛

활용 음식 드레싱, 멜론햄샐러드, 쇠고기페퍼스테이크

식 초 이야기

발사믹은 이탈리아 북부 모데나 지방에서 나는 포도를 이용해 만든다. 포도즙을 내서 살균을 위해 80℃ 정도에서 끓이고, 끓인 포도즙을 나무통에 넣어서 일부 숙성이 되면 통을 갈아가면서 오랜 기간 숙성시킨 식초다. 식초의 색이 짙은 갈색을 띠면서 약간의 점성이 있다. 발사믹은 '발삼과 같다'라는 뜻으로 발삼은 이탈리아어로 '향이 좋은 수지'를 뜻하는 것이다. 발사믹식초는 세월이 흐를수록 그 맛이 더 진하고 깊어지기 때문에 구매할 때 꼭 숙성연도를 확인하는 것이 좋다. 요즘 유통되는 발사믹식초 중에는 와인식초에 캐러멜 소스, 설탕 등을 첨가해서 유통되는 것이 많기 때문에 잘 확인하고 구매한다. 신맛보다는 단맛이 더 많이 나는 발사믹식초는 멜론 등의 과일과 햄을 곁들이는 요리에 뿌리면 햄의 맛과 멜론, 식초의 단맛이 어우러져 소화에 좋은 것은 물론 식욕을 돋워 준다.

▶ 재료

적포도 100%

▶ 만드는 법

1. 잘 익은 적포도는 으깨서 즙을 낸 후 냄비에 넣어 80℃에서 가열한다.
2. ①의 살균한 포도즙을 오크통에 담는다.
3. 포도즙은 오크통을 바꿔가면서 숙성시키는데, 보통 12년 이상 숙성된 것이 좋은 발사믹식초다.

화이트발사믹식초

산도 4~7%

발효 및 숙성기간 12년 이상

맛 신맛과 단맛

활용 음식 조개수프, 생선마리네이드오븐구이

식 초 이야기

화이트발사믹식초는 일반 발사믹식초의 색이 강해서 사용하기 어려운 요리에 넣기 위해 만든다. 발사믹식초는 적포도를 이용하고, 화이트발사믹식초는 청포도를 이용해 만든다. 화이트발사믹식초의 라벨을 자세히 보면 '화이트발사믹'이라고 표시된 것과 '화이트발사믹식초'라고 표시되어 있는 것이 있는데, 종류를 잘 확인하는 것이 중요하다. 화이트발사믹이라고 표기된 것은 화이트와인식초에 포도즙, 감미료 등을 넣어서 만든 혼합식초이기 때문이다. 일반 발사믹식초보다는 깨끗한 맛이 나면서 포도 특유의 풍부한 향이 특징인 화이트발사믹식초는 생선을 구운 다음 마지막에 뿌려 풍미를 더하고 닭고기, 조개류, 치즈가 들어간 요리에 잘 어울린다.

▶ 재료

청포도 100%

▶ 만드는 법

1. 잘 익은 청포도는 으깨서 즙을 낸 후 냄비에 넣어 80℃의 온도에서 가열한다.
2. ①의 살균한 포도즙을 오크통에 담는다.
3. 포도즙은 오크통을 바꿔가면서 숙성시키는데, 보통 12년 이상 숙성된 것이 좋은 발사믹식초다.

솔잎식초

Vinegar Note

산도 4~7%

발효 및 숙성기간 6개월 이상

맛 은은한 신맛

활용 음식 양념두부, 죽순장아찌, 송이버섯무침

**식초
이야기**

솔잎식초를 만들 때는 국산 토종 솔잎을 이용해서 만든다. 공기가 좋고 땅이 비옥한 곳에서 자란 솔잎이 좋으며 특히 해충방지 주사를 놓은 것은 피하는 것이 좋다. 솔잎은 당질, 단백질, 지방, 칼슘, 철, 비타민 A·C가 풍부하다. 솔잎에는 테레빈이라는 성분이 있는데 이것은 콜레스테롤 수치를 낮춰 주어 심장병이나 동맥경화에 좋다. 솔잎식초는 은은한 솔향이 나서 그냥 음용하는 것도 좋고 맛이 순한 재료를 사용한 요리에 넣어서 맛을 살리기도 한다. 두부나 버섯요리를 할 때 솔잎식초를 이용하면 재료의 맛과 솔향이 잘 어우러져 음식의 맛을 한층 좋게 한다.

▶ 재료

현미 20%
누룩 10%
솔잎 5%
물 65%

▶ 만드는 법

1. 현미는 씻어서 하룻밤 불린 다음 체에 밭쳐서 물기를 제거한다.
2. ①을 김이 오른 찜기에 넣어서 2시간 정도 푹 찐다.
3. 솔잎은 씻어서 물기를 제거한다.
4. ②의 찐 현미는 상온에서 식힌 다음 누룩, 물과 섞어서 항아리에 담고 4~5일간 발효한 후 걸러서 다시 항아리에 담고 솔잎을 잘게 썰어서 넣는다.
5. ④의 항아리 입구를 천으로 막고 둘레를 끈으로 묶은 다음 그 위에 10원짜리 동전을 올려놓고 뚜껑을 덮는다. 항아리를 수시로 흔들어 가면서 동전의 색이 변할 때까지 둔다.
6. ⑤의 재료를 체나 면보에 걸러서 병에 담아 병째 70℃의 물에 중탕 소독한 다음 서늘하고 해가 들지 않는 곳에서 6개월 이상 숙성시킨다.

몰트식초

산도 4~7%

발효 및 숙성기간 6개월

맛 술맛과 식초맛의 중간 정도

활용 음식 오이피클, 양배추볶음, 양파장아찌

식 초 이야기

맥아로 만든 식초를 말하며 맥아식초라고도 한다. 보리의 싹을 맥아라고 하는데 맥아는 비위를 튼튼하게 해서 소화가 잘 되게 하고 식욕이 없을 때나 가스가 차고, 스트레스로 인한 소화 장애에 좋다. 맥아로는 주로 식혜, 조청 등을 만들기도 한다. 몰트식초는 맥아를 당화시켜 전분을 말토오스로 전환시킨 다음 알코올 발효시키고 초산 발효를 거쳐 만든다. 향이 강한 향신료와 같이 조리할 경우 재료의 풍미를 돋워 주며 양파, 오이, 적양배추 등을 조리할 때 넣으면 맛과 향이 더 좋아진다. 몰트식초는 뚜껑을 잘 닫아 밀폐해서 냉장 보관해야 식초의 풍미와 향을 더 오래 유지시킬 수 있다. 몰트식초는 세계적으로 다양하고 만드는 방법도 많지만 특히 영국에서 많이 만들어져 사용되고 있다.

▶ **재료**

맥아 30%
정제수 70%

▶ **만드는 법**

1. 맥아는 가루로 만들어 물과 같이 섞어서 항아리에 담는다.

2. ①의 항아리 입구를 천으로 막고 둘레를 끈으로 묶은 다음 그 위에 10원짜리 동전을 올려놓고 뚜껑을 덮는다. 항아리를 수시로 흔들어 가면서 동전의 색이 변할 때까지 둔다.

3. 동전의 색이 변하면 고운체나 망에 걸러서 앙금을 제거한다.

4. 유리병이나 보관용기에 담아서 용기째 70℃ 정도의 물에 중탕 소독한다. 서늘하고 해가 들지 않는 곳에서 6개월 정도 숙성시킨다.

사탕수수식초

산도 4~7%

발효 및 숙성기간 6개월 이상

맛 톡 쏘는 신맛이 나면서 끝이 깨끗한 맛

활용 음식 소시지볶음, 닭고기샐러드, 매운 버섯구이

식초 이야기

사탕수수는 다른 이름으로 감자라고 하며 열대, 온대 지방에서 재배된다. 나무의 10~15cm마다 매듭이 있고 매듭과 매듭 사이의 유연 세포조직에 다량의 설탕액이 포함되어 있다. 사탕수수는 70% 정도가 수분으로 이루어져 있으며, 설탕이 11~17%, 식이섬유가 10% 내외다. 사탕수수를 압착하면 단 설탕액이 나오고 이것을 정제한 다음 수분을 증발시키면 결정이 생기는데 이것이 설탕이다. 사탕수수로 만든 식초는 다른 식초보다 단맛이 거의 없으며 부드러우면서 깨끗한 맛이 특징이다. 집에 사탕수수식초를 구비해 놓으면 다양한 요리에 두루두루 사용할 수 있어 가정식 식초로 많이 활용한다. 특히 장아찌나 피클을 만들 때 사탕수수식초를 이용하면 재료의 맛이 잘 살아난다.

▶ **재료**

사탕수수 80%

이스트 2%

물 20%

▶ **만드는 법**

1. 사탕수수는 씻어서 껍질을 깐 다음 분쇄기로 갈아서 물, 이스트와 같이 섞은 후 항아리에 담는다.
2. 40℃ 정도의 온도에서 4~5일간 발효한 다음 걸러서 다시 항아리에 넣는다.
3. ②의 항아리 입구를 천으로 막고 둘레를 끈으로 묶은 다음 그 위에 10원짜리 동전을 올려놓고 뚜껑을 덮는다. 항아리를 수시로 흔들어 가면서 동전의 색이 변할 때까지 둔다.
4. 동전의 색이 변하면 고운체나 망에 걸러서 앙금을 제거한다.
5. 유리병이나 보관용기에 담아서 용기째 70℃ 정도의 물에 중탕 소독한다. 서늘하고 해가 들지 않는 곳에서 6개월 이상 숙성시킨다.
6. ⑤의 숙성된 식초를 정제하고 증류시켜 만든 식초가 사탕수수식초다.

허브식초

__산도__ 4~7%

__발효 및 숙성기간__ 7일~1개월

__맛__ 로즈마리 특유의 단맛

__활용 음식__ 쇠고기토마토소스스튜, 브로콜리샐러드

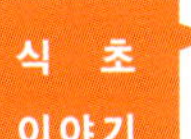

허브란 푸른 풀을 의미하는 라틴어의 허바herba에 그 어원을 두고 있다. 고대에는 향과 약초라는 뜻으로 사용하다가 그리스 학자인 테오프라스토스가 식물을 나누면서 허브라는 말을 사용하게 되었다. 요즘 우리가 쓰고 있는 허브는 서양에서 들어온 것이 많으며, 로즈마리, 오레가노, 민트, 바질 등 다양한 종류의 허브를 서양음식에 주로 쓰고 있다. 허브식초는 어떤 허브를 주원료로 하느냐에 따라 식초의 향과 맛이 달라지고 요리법도 달라진다. 집에서 자주 만드는 요리가 주로 육류일 경우 로즈마리를 재료로 해서 만든 허브식초를 만들어 두고, 음료나 디저트 종류를 많이 사용할 경우 민트나 레몬버베나, 레몬밤 등으로 식초를 만들어 아이스크림, 슬러시, 무스 등에 다양하게 활용한다. 생선요리에도 레몬밤 등으로 만든 식초를 넣으면 비린내가 나지 않고 특히 구울 때 생선에 뿌려 두면 생선살이 단단해져서 잘 구워진다.

▶ **재료**

식초(현미식초, 화이트식초 등 향이나 색이 약한 식초로 활용 가능) 95%

허브(로즈마리) 5%

▶ **만드는 법**

1. 허브는 씻어서 물기를 제거한 다음 병에 천연 현미식초와 같이 넣는다.
2. 병의 입구를 천으로 막고 둘레를 끈으로 묶은 다음 뚜껑을 덮는다.
3. 7일 정도 우린 다음 냉장고에 보관한다.

마늘식초

Vinegar Note

산도 4~7%

발효 및 숙성기간 1~3개월

맛 마늘 특유의 매운맛

활용 음식 제육볶음, 고등어양념조림, 바지락수제비

식 초 이야기

마늘은 우리나라, 일본, 중국 등에서 주로 재배되고 있다. 마늘에는 탄수화물, 단백질, 지방, 식이섬유, 회분, 비타민 $B_1 \cdot B_2 \cdot C$, 칼슘, 철, 인, 알리신 등 다양한 영양분이 포함되어 있다. 마늘의 매운맛과 냄새는 알리신이라는 성분에서 나오는 것으로 알리신은 살균, 항균 작용을 하며 헬리코박터파이로리균에 대한 저항력이 뛰어나다. 또한 알리신은 소화가 잘 되게 하고 체내 콜레스테롤 수치를 낮춰 주며 항산화 효과가 있다. 마늘식초는 약간 매콤하면서 톡 쏘는 맛이 나서 고기를 재거나 잎채소 겉절이에 넣으면 달리 마늘을 넣지 않아도 맛이 잘 난다. 생선 조림을 할 때 넣어도 비린 맛이 많이 줄어든다.

▶ 재료

마늘 10%
천연 현미식초 90%

▶ 만드는 법

1. 마늘은 껍질을 벗긴 다음 항아리에 천연 현미식초와 같이 넣는다.
2. ①의 항아리 입구를 천으로 막고 둘레를 끈으로 묶은 다음 뚜껑을 덮는다.
3. ②의 항아리를 해가 들지 않고 바람이 잘 통하는 곳에 1개월 이상 두어 맛이 잘 우러나도록 한다.

홍삼식초

__산도__ 4~7%

__발효 및 숙성기간__ 6개월 이상

__맛__ 홍삼 특유의 씁쓸한 맛

__활용 음식__ 닭냉국, 잡곡주먹밥, 새송이버섯볶음

식 초 이야기

홍삼은 인삼의 잔뿌리를 제거하고 깨끗이 씻은 다음 찜기에 넣어서 찌고, 이것을 말리는 과정을 거쳐서 붉게 변한 것을 말한다. 좋은 홍삼은 9번 찌고 말리면서 인삼의 독성이 사라지고 효능이 더 좋아지게 되는데, 이런 것을 구증구포라 해서 상품으로 친다. 홍삼은 주로 중추신경 진정작용과 고혈압, 동맥경화 예방, 조혈작용, 노화방지, 당뇨 예방, 면역기능 증강, 항암작용에 좋고 혈액순환이 잘 되도록 해준다. 홍삼식초는 홍삼 특유의 쓴맛과 풍미로 닭고기 요리에 특히 잘 어울리며 고기의 육질을 부드럽게 해주어서 냉채, 볶음, 구이 등 다양하게 활용할 수 있다.

▶ 재료

현미 15%

홍삼 5%

누룩 10%

정제수 60%

▶ 만드는 법

1. 쌀은 씻어서 하룻밤 불린 다음 체에 밭쳐서 물기를 제거한다.

2. ①을 김이 오른 찜기에 넣어서 1시간 정도 푹 찐다. 홍삼은 삶아서 부드러워지면 믹서에 곱게 간다.

3. ②의 찐 쌀은 상온에서 식힌 다음 누룩, 물, 홍삼과 섞어서 항아리에 담고 4~5일 간 발효한 후 걸러서 다시 항아리에 넣는다.

4. ③의 항아리 입구를 천으로 막고 둘레를 끈으로 묶은 다음 그 위에 10원짜리 동전을 올려놓고 뚜껑을 덮는다. 항아리를 수시로 흔들어 가면서 동전의 색이 변할 때까지 둔다.

5. 동전의 색이 변하면 고운체나 망에 걸러서 앙금을 제거한다.

6. 유리병이나 보관용기에 담아 용기째 70℃ 정도의 물에 중탕 소독한다. 서늘하고 해가 들지 않는 곳에서 6개월 이상 숙성시킨다.

Tip 홍삼과 현미식초를 1:9의 비율로 항아리에 넣고 1개월 이상 숙성시켜도 홍삼식초를 만들 수 있습니다.

도라지식초

Vinegar Note

산도 4~7%

발효 및 숙성기간 6개월 이상

맛 약간의 단맛과 씁쓸한 맛

활용 음식 해물두반장볶음, 솎음배추김치, 임자수탕

식 초 이야기

도라지는 성질이 약간 냉하고 쓴맛이 나며 약간의 독성이 있다. 흰 꽃이 피는 품종은 백도라지 또는 약도라지라고 해서 염증을 가라앉혀 주고, 가래를 삭혀 주며 기침을 멎게 하는 한약재로 사용한다. 도라지에는 인삼과 같이 사포닌과 이눌린이 풍부해 면역력을 높이고 암세포의 발생과 증식을 억제한다. 도라지 특유의 쓴맛이 나는 도라지식초는 물김치나 김치에 넣으면 입맛을 돋우고, 오이생채나 배추겉절이에 넣으면 서로 잘 어울린다. 궁중음식 중 하나인 임자수탕에 조금 넣으면 참깨의 쓴맛이 덜 나면서 훨씬 시원하고 맛있게 먹을 수 있다.

▶ **재료**

현미 20%
누룩 10%
도라지 10%
물 60%

▶ **만드는 법**

1. 쌀은 씻어서 하룻밤 불린 다음 체에 밭쳐서 물기를 제거한다.
2. ①을 김이 오른 찜기에 넣어서 1시간 정도 푹 찐다. 도라지는 씻어서 물기를 제거한 다음 믹서에 곱게 간다.
3. ②의 찐 쌀은 상온에서 식힌 다음 누룩, 물, 도라지와 섞어서 항아리에 담고 4~5일간 발효한 후 걸러서 다시 항아리에 넣는다.
4. ③의 항아리 입구를 천으로 막고 둘레를 끈으로 묶은 다음 그 위에 10원짜리 동전을 올려놓고 뚜껑을 덮는다. 항아리를 수시로 흔들어 가면서 동전의 색이 변할 때까지 둔다.
5. 동전의 색이 변하면 고운체나 망에 걸러서 앙금을 제거한다.
6. 유리병이나 보관용기에 담아 용기째 70℃ 정도의 물에 중탕 소독한다. 서늘하고 해가 들지 않는 곳에서 6개월 이상 숙성시킨다.

Tip 도라지와 현미식초를 2:8의 비율로 항아리에 넣고 1개월 이상 우려도 도라지식초를 만들 수 있습니다.

더덕식초

산도 4~7%

발효 및 숙성기간 6개월 이상

맛 약간의 단맛과 씁쓸한 맛

활용 음식 주먹밥, 쇠고기장조림, 오리냉채

식초 이야기

산에서 나는 산더덕은 인삼과 효능이 비슷해서 사삼이라고도 한다. 더덕은 주로 뿌리를 먹는데, 뿌리에는 수분이 82% 정도이며 그 밖에 단백질, 지질, 당질, 식이섬유, 회분, 칼슘, 철, 인, 비타민 A·C 등이 풍부하다. 더덕은 주로 가래를 삭혀 주고 기침을 멎게 하며 자양강장, 해독에 효과가 좋은 식품이다. 식이섬유가 풍부해서 변비에도 좋다. 더덕식초는 도라지식초보다는 쓴맛이 덜하면서 향이 좋은 식초로 훈제오리와 같이 먹으면 오리 특유의 냄새를 줄여 주며 맛도 더 좋아지게 한다. 오이, 부추, 양파 등과 같이 먹으면 오리의 단백질이나 칼슘의 섭취에 더 효과적이다.

▶ 재료

현미 20%
누룩 10%
더덕 10%
물 70%

▶ 만드는 법

1. 쌀은 씻어서 하룻밤 불린 다음 체에 밭쳐서 물기를 제거한다.
2. ①을 김이 오른 찜기에 넣어서 1시간 정도 푹 찐다. 더덕은 씻어서 물기를 제거한 다음 믹서에 곱게 간다.
3. ②의 찐 쌀은 상온에서 식힌 다음 누룩, 물, 더덕과 섞어서 항아리에 담고 4~5일간 발효한 후 걸러서 다시 항아리에 넣는다.
4. ③의 항아리 입구를 천으로 막고 둘레를 끈으로 묶은 다음 그 위에 10원짜리 동전을 올려놓고 뚜껑을 덮는다. 항아리를 수시로 흔들어 가면서 동전의 색이 변할 때까지 둔다.
5. 동전의 색이 변하면 고운체나 망에 걸러서 앙금을 제거한다.
6. 유리병이나 보관용기에 담아서 용기째 70℃ 정도의 물에 중탕 소독한다. 서늘하고 해가 들지 않는 곳에서 6개월 이상 숙성시킨다.

Tip 더덕과 현미식초를 2:8의 비율로 항아리에 넣고 1개월 이상 우려도 더덕식초를 만들 수 있습니다.

자색고구마식초

Vinegar Note

산도 4~7%

발효 및 숙성기간 6개월 이상

맛 약간 단맛과 톡 쏘는 맛

활용 음식 햄에그샐러드, 오곡초밥, 도미버터구이

식초 이야기

고구마에는 탄수화물이 많이 들어 있으며 이중 녹말이 20% 정도다. 비타민, 무기질, 식이섬유 등의 영양성분도 풍부하다. 자색고구마는 껍질과 속까지 보라색을 띠는 고구마로 안토시아닌 색소가 풍부해 일반 고구마의 영양은 물론이고, 항산화 효과가 훨씬 더 탁월하며 단맛도 많이 난다. 안토시아닌 색소가 풍부한 자색고구마는 물에 삶을 경우 색이 빠지기 때문에 자색고구마를 먹을 때는 쪄서 조리하는 것이 색을 그대로 유지할 수 있는 조리법이다. 자색고구마식초는 단맛이 나면서 색감이 좋기 때문에 색을 살리는 샐러드드레싱, 나물 무침, 볶음 등에 사용하게 되면 기름의 느끼함은 없애 주고 산뜻한 식초와 약간의 단맛이 음식의 맛을 조화롭게 한다. 특히 햄, 생선요리 등에도 잘 어울리고 곡물을 이용한 요리에도 잘 어울린다.

▶ 재료

자색고구마 90%

이스트 2%

설탕 10%

▶ 만드는 법

1. 자색고구마는 씻어서 분쇄기로 간 다음 항아리에 설탕, 이스트와 같이 넣는다.
2. ①의 항아리 입구를 천으로 막고 둘레를 끈으로 묶은 다음 그 위에 10원짜리 동전을 올려놓고 뚜껑을 덮는다. 항아리를 수시로 흔들어 가면서 동전의 색이 변할 때까지 둔다.
3. 동전의 색이 변하면 고운체나 망에 걸러서 앙금을 제거한다.
4. 유리병이나 보관용기에 담아서 용기째 70℃ 정도의 물에 중탕 소독한다. 서늘하고 해가 들지 않는 곳에서 6개월 이상 숙성시킨다.

Tip 자색고구마와 현미식초를 1:9의 비율로 항아리에 넣고 1개월 이상 우려도 자색고구마식초를 만들 수 있습니다.

식초의 저장 및 활용법

식초의 저장

식초가 완성되었을 때는 주로 항아리나 유리병에 보관하는 것이 좋다. 향이 좋은 오크통에 보관하게 되면 식초에 나무 특유의 향이 배어나 식초의 풍미가 더 독특해지기도 한다. 플라스틱, 스테인리스 등의 용기에 보관하는 것도 괜찮다. 하지만 식초는 부식성이 있기 때문에 금속이나 알루미늄 용기에는 보관하지 않는 것이 좋다. 또한 햇볕이 들지 않는 서늘한 곳에 보관하는 것이 좋으며 되도록이면 공기가 통하도록 보관해야 한다. 상온에서 보관할 경우에는 온도가 일정한 곳이 좋으며, 되도록이면 장소를 자꾸 옮기지 않는 것이 좋다.

식초 활용법

❶ 식초는 단백질을 변성시키기 때문에 생선을 구울 때 생선 겉면에 식초를 조금 바른 다음 구우면 생선살이 석쇠에 들러붙지 않고 모양을 유지하면서 구울 수 있다. 달걀을 삶을 때도 식초를 조금 넣으면 깨지지 않고 잘 삶아진다.

❷ 단백질을 변성시키는 식초의 성질은 고기 육질을 연하게 하는 효과도 있다. 고기를 재거나 조림, 볶음 등을 할 때 식초를 넣고 조리하면 고기 누린내는 물론 육질까지 연하게 해준다.

❸ 우엉, 연근, 사과 등 산소에 의해 갈변이 잘 되는 채소나 과일을 식촛물에 담가 두면 갈변을 방지할 수 있다.

❹ 식초의 주성분인 아세트산은 산성을 띠고 있어서 균이 살기 어렵다. 그렇기 때문에 여름철 도마나 칼, 행주 등을 식초로 씻으면 살균이 되고, 회를 먹을 때 식초가 들어간 초고추장을 먹게 되면 회에서 균이 침투하는 것을 막을 수 있다. 또한 외출했다가 돌아왔을 때 옅은 식촛물에 손을 헹구면 손에 묻어 있는 균을 줄일 수 있다.

❺ 양파를 다진 도마나 칼을 식초로 닦으면 양파의 매운 냄새가 덜 나고, 생선이나 고기를 손질한 도마나 식기를 씻은 다음 마지막에 식촛물로 헹궈서 말리면 비린내나 잡내가 나지 않는다.

❻ 식초는 표백효과가 있다. 오물이 묻은 천을 식촛물에 담가 두면 표면이 깨끗해지는 효과가 있다. 빨래 등을 삶을 때 넣어도 같은 효과를 볼 수 있다.

oil

오일

오일

—

· 참기름 · 들기름 · 콩기름 · 카놀라유

· 현미유(미강유) · 포도씨유 · 올리브유 · 호두유

· 옥수수유(옥배유) · 홍화씨유 · 팜유 · 면실유

· 코코아버터 · 해바라기씨유 · 아마씨유

· 잣기름 · 헤이즐넛오일 · 아몬드유 · 호박씨유

· 마카다미아오일 · 팜핵유 · 아보카도오일

· 낙화생유(땅콩유) · 겨자씨유 · 아르간오일

오일의 역사

오일은 상온에서 액체상태의 지방을 말하는 것으로 주로 식물성기름이 이에 속하며 식물의 씨나 과육에서 많이 추출된다. 오일에 대한 가공이나 추출법이 발달하지 않았던 때에 견과류 등에서 지방이 나온다는 것을 우연한 기회에 알게 되었을 것으로 보인다. 옛 문헌을 보면 오일을 머리나 얼굴에 바른 기록, 또는 오일로 불을 피우거나 음식에 사용한 기록들이 있다. 수천 년 전, 특히 고대 이집트의 왕이나 왕비의 무덤인 피라미드 안에 보면 상형문자로 된 참깨, 대추야자, 올리브 등의 기록이 보이고, 아마유, 피마자기름 등이 같이 출토되기도 한다. 서양이나 동양에서는 보통 동물성기름을 이용해 많은 요리를 해 왔다. 하지만 지난 100년간 다양한 오일 추출기술이 발달했고, 또한 지중해 요리법의 발달과 유통에 의해 식물성기름의 사용이 증가하였다. 특히 오일이 건강에 좋은 것을 알게 된 사람들은 다양한 방법으로 오일을 활용하게 되었다.

가장 대표적으로 생각하는 오일은 건강에도 좋으며 많은 사람이 즐겨 먹는 올리브유일 것이다. 과육에서 추출하는 오일로 지중해 연안 지방의 대표적인 식품이다. 올리브유의 원료가 되는 올리브가 언제부터 재배되었는지는 정확히 알 수 없지만 기록에 따르면 이란 또는 투르크스탄일 것이라고도 한다. 기원전 1000년경에는 팔레스타인, 시리아, 그리스에서 재배되어 착유되었고 팔레스타인에서는 이집트에 수출까지 했다고 한다.

아프리카에서 식용으로 사용되던 팜유는 19세기에 동남 아시아에서도 재배가 시작되고 빠르게 확산되면서 재배량도 안정화되었다. 생산량이 콩기름의 9배 정도로 많아지면서 풍작이나 흉작으로 인해 변동이 컸던 가격의 안정화에 많은 도움을 주게 되었다.

오늘날 가장 많이 사용하는 식용유지는 콩기름이다. 콩기름의 재료인 대두
는 기원전 5000년 전 중국 북동부에서 시베리아의 아무르강 유역에 걸쳐 재
배되기 시작하여 기원전 3세기에는 동아시아 지역으로 재배지역이 넓어졌다.
이런 대두가 19세기 미국에 전파되기 시작하면서 광범위하게 재배되고, 처음
에는 커피 대용품으로 활용되다가 점점 가축사료로 사용하였다. 20세기에 접
어들어 콩에 대한 다양한 연구가 진행되면서 영양학적으로 좋은 것이 밝혀져
미국에서 가장 인기 있는 식용유로 각광받게 되었다.

• 압착법

압착법은 유지 원료에 압력을 가해서 기름을 짜내는 방식으로 압착할 때의 온도에 따라 온압법과 냉압법으로 나뉜다. 온압법은 참기름을 짤 때처럼 원료를 볶아서 뜨거울 때 짜는 것을 말한다. 온압법으로 기름을 짜는 경우 기름의 색이 짙으면서 특유의 향미를 가지는 특징이 있다. 냉압법이란 올리브와 같이 과육에 지방이 많은 경우 과육을 파쇄해서 짜는 방식으로 색은 옅으면서 원료 자체의 향을 그대로 가지고 있다. 압착하는 방식에 따라서는 회분식과 연속식 압착 방식으로 나뉘는데, 회분식이란 원료를 포대에 넣어서 한 번에 짜는 방식으로 오래전부터 사용되어 오던 방식이다. 연속식이란 연속으로 채유할 수 있는 구멍이 뚫려 있는 원통 속에 스크류가 회전하면서 원료를 옮겨 원통과 스크류 간의 간격이 점점 좁아지면서 압착되는 기계방식으로, 노동력이 적게 들고 공간도 적게 차지하며 한 번에 착유되는 양이 많아 요즘 많이 사용한다.

• 추출법

추출법은 유지 원료에 휘발성 용제를 넣어서 유지를 추출한 후 용제를 제거한 다음 유지를 얻는 방식으로 주로 콩기름을 추출할 때 사용하는 방식이다. 추출법으로 채유할 경우 전처리공정을 거쳐야 한다. 먼저 원료를 선별해서 잡티를 제거한다. 원료의 크기가 작을 경우는 껍질을 벗기지 않지만 콩의 경우 겉에 있는 얇은 껍질을 벗기는 과정이 채유에 중요하기 때문에 껍질 벗기는 과정을 반드시 거쳐야 한다. 이렇게 껍질 벗긴 원료를 분쇄해서 채유하기 쉽게 만든다. 분쇄한 원료는 납작하게 압착한 다음 가열한다. 이것을 '쿠킹'이라고 하는데 원료의 세포벽을 파괴해서 채유가 잘 되게 하기 위한 과정이다. 쿠킹을 마친 원료는 헥산을 이용해서 유지를 추출하고 감압증류법으로 용제를 제거한 다음 정제과정을 거쳐 제품으로 나온다. 주로 큰 공장 등에서 많이 사용하는 방법으로 기름의 추출량이 가장 많은 방법이다.

• 압추법

압추법은 압착법과 추출법을 조합한 채유법으로 채종유, 면실유 등의 채유에 사용한다. 먼저 압착법으로 기름을 추출해서 유지함유량을 15~20% 정도로 맞춘 다음 헥산을 이용해 잔류 유지량이 1% 미만이 되도록 채유하는 방법이다.

• 물추출법

물추출법이란 원료를 습식 또는 건식법으로 분쇄한 다음 물을 가하여 기름을 추출하는 방식으로 식물성단백질과 원유를 동시에 얻고 싶을 때 쓰는 방식이다. 추출수율은 물의 첨가량, 염의 종류와 첨가량, pH, 온도 등에 따라 달라진다.

화학적 특성

기름에는 동물성기름과 식물성기름이 있는데 대부분의 동물성기름은 상온에서 고체인 경우가 많다. 상온에서 고체인 기름을 지fat라고 하고 상온에서 액체인 기름은 유oil라고 한다. 기름은 거의 지질로 이루어져 있는데 이 지질은 물에 녹지 않고 에테르, 벤젠 등의 유기 용매에 녹는다. 화학적으로 반드시 지방산을 가지는 특징이 있다.

지질은 크게 단순지질, 복합지질, 유도지질로 구분되는데 단순지질에는 중성지질, 왁스 등이 있고, 복합지질에는 인지질, 당지질, 단백지질 등이 있다. 유도지질에는 스테로이드류(콜레스테롤, 식물스테롤), 지용성색소(카로틴 등), 지용성 비타민(A,D,E,K) 등이 있다.

우리가 식용으로 먹을 수 있는 대부분의 기름은 중성지질로 유지라고도 한다. 유지는 글리세롤1분자에 지방산3분자가 에스테르 결합한 것을 말하며 정식 명칭으로는 트리글리세라이드라고 한다. 지방산은 포화 지방산과 불포화 지방산으로 다시 나뉜다. 포화 지방산은 이중 결합을 가지지 않는 것을 말하며 동물성지방에 가장 많고, 종류로는 팔미트산, 스테아르산이 있다. 불포화 지방산은 1분자 중에 1~7개의 이중결합을 가진다. 포화 지방산보다 화학적으로 불안정하고 산화되기 쉬우며, 융점이 낮아 액체로 존재한다. 체내에서 합성되지 않아 반드시 외부에서 섭취해야 한다. 올레산, 리놀레산 linoleic acid, 리놀렌산 linolenic acid, 아라키돈산 등이 있다.

지질은 단백질, 탄수화물과 더불어 열량을 내는 물질로 1g당 9kcal의 열량
을 낸다. 지질은 에너지 외에 필수지방산을 공급하는데 이중 리놀렌산은 오메
가－3 , 리놀레산은 오메가－6 , 올레산은 오메가－9이라고도 불린다. 오메가
－3는 세포벽을 유연하게 해서 적혈구세포의 산소흡수율과 혈액순환을 향상
시키고, 오메가－6는 당뇨성 신경장애 및, 류마티스 관절염, 피부질환 개선에
많은 도움을 준다. 오메가－9은 심장마비, 동맥경화를 예방하고 항암에도 많
은 도움을 준다.

지질은 지용성 비타민을 섭취할 때 그 흡수율을 높여 주기도 한다. 체내에
서 콜레스테롤, 식물스테롤, 토코페롤 등의 지용성 영양소의 운반 수단으로
이용되기도 하며 이런 영양소는 현대에 만연해 있는 생활습관병의 예방에 아
주 중요한 역할을 한다.

지질의 중요한 역할 중 하나는 체구성 성분으로 체중의 10~20% 이상의 지
방이 각 조직의 중성지방 형태로 분포하고 있다. 이들은 체온을 일정하게 유
지하도록 도와주며, 장기를 보호하고, 체조직의 구성성분으로 세포막, 호르
몬, 신경보호막, 소화분비액의 구성성분이다. 또한 뇌, 신경계통, 간장 등에
도 에스테르 형태로 존재한다.

지질은 외부의 충격으로부터 장기를 보호하며, 풍부한 향미성분으로 음식
의 맛을 돋워주고, 높은 칼로리에 비해 소화속도가 더뎌 포만감을 오랫동안
유지할 수 있다.

유지의 분류

건성유 drying oil

고도의 불포화 지방산인 리놀레산과 리놀렌산이 많은 오일을 가리키며, 요오드가가 130 이상인 식물성 오일을 말한다. 건성유는 공기 중의 산소와 결합하면 점성이 증가하고 결국에는 딱딱해지게 된다. 건성유에 코발트, 망간 등의 지방산염을 넣어서 가열하면 건조성이 더욱 높아지는데 이것을 보일유라고 한다. 보일유에 안료를 가한 것이 페인트다. 오동유, 아마인유, 콩기름 등이 대표적인 건성유이고 도료, 오일바니시, 인쇄잉크 등에 사용된다.

반건성유 semi-drying oil

리놀레산, 올레산, 리놀렌산으로 구성되어 있다. 공기 중에 방치해도 서서히 산화해서 점도가 높아지기는 하지만 건조가 되지 않는 기름으로 요오드가가 100~130 사이인 기름을 말한다. 식물성 오일 중 생산량이 가장 많으며 식용, 화장품이나 비누의 제조 원료로 많이 사용된다.

불건성유 non-drying oil

  불포화 지방산의 함유량이 적고, 주로 올레산으로 구성되어 있어서 건조성이 매우 낮은 기름을 말한다. 요오드가는 100 이하인 것이 많으며, 산소와 화합하기 어려운 기름으로 공기 중에 방치해도 단단해지지 않는다. 대표적으로 동백기름, 올리브유, 피마자유 등이 있으며, 주로 비누의 제조 원료, 화장품, 윤활제 등에 많이 이용된다.

참기름

재료 참깨

유지류 반건성유

발연점 추출참기름(232℃), 압착참기름(160℃)

추출법 압착법, 용제추출법

활용 음식 잡채, 삼색나물, 멸치볶음, 비빔국수

**오 일
이야기**

참기름은 향이 고소해서 우리나라 사람들이 좋아하는 기름이다. 나물이나 무침 등에 다양하게 활용되고 특히 항산화 물질인 세사몰이 풍부하게 들어 있어 영양분이 쉽게 변질되지 않는다. 참기름에는 불포화 지방산이 풍부해 먹으면 동맥경화의 원인이 되는 나쁜 콜레스테롤의 생성을 막아준다. 참기름은 다른 나라에서는 볶지 않고 추출하기 때문에 흰색에 가까운 색을 띠는데 우리나라에서는 볶아서 기름을 짠다. 볶지 않고 추출한 참기름의 경우 발연점이 높아 튀김기름으로 활용할 수 있지만 가격이 비싸다는 단점이 있다. 볶은 깨로 짠 참기름은 발연점이 낮아서 튀김기름으로 쓸 수 없다. 무침, 볶음, 조림, 구이 등의 요리에 사용 가능하며, 불을 끈 다음 마지막에 사용해야 향이 좋다.

원료인 참깨에는 45~50%의 지방질이 함유되어 있으며, 필수 지방산인 올레산 약 40%, 리놀레산 35%, 리놀렌산 2%를 함유하고 있다. 빛을 비춰봤을 때 맑은 갈색을 띠는 것이 좋으며 바닥에 찌꺼기가 많지 않은 것이 좋다. 색이 짙은 병에 담아 서늘하면서 어두운 곳에 두고, 기름병에 소금을 조금 넣어 보관하면 오래 보관할 수 있다.

들기름

재료 들깨

유지류 건성유

발연점 170℃

추출법 압착법, 용제추출법

활용 음식 머위나물무침, 미역국, 쑥갓무침

오일 이야기

들기름은 들깨에 포함되어 있는 40~45% 정도의 유지를 압착법 등으로 채유한 것이다. 들깨는 독특한 향기를 가지고 있는데 들기름에서도 그 특유의 향과 단맛이 나는 것이 특징이다. 들기름은 불포화 지방산인 리놀렌산, 리놀레산, 올레산을 90% 이상 함유하고 있다. 특히 필수 지방산인 리놀레산과 리놀렌산이 많아서 영양학적으로 질이 좋은 기름에 속한다.

들기름은 다른 오일에 비해 오메가-3가 풍부해 혈압을 낮춰 주며 참기름보다 열에 강하다. 그래서 볶음, 무침, 겉절이 이외에도 조림 등 열을 가하는 요리에 사용한다. 공업용 페인트, 니스 등의 원료로도 사용되는 등 쓰임새가 많다. 그러나 건성유에 속해 공기 중의 산소에 의해 쉽게 산화되므로 보관에 주의해야 한다. 개봉한 제품은 냉장 보관하며, 되도록 빨리 먹는 것이 좋다. 약간의 참기름을 넣어서 보관하면 조금 더 오래 보관이 가능하다. 제품을 고를 때는 들기름 특유의 향이 나는 것이 좋다.

콩기름

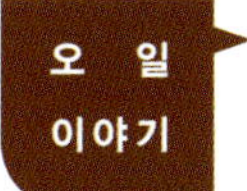

콩기름은 대두유라고도 하며 흰콩으로 만든다. 현재 가장 보편적으로 사용되는 식용 기름이다. 천연 항산화제인 비타민 E 함량이 풍부하고 고도불포화 지방 60%, 단일불포화 지방 25%, 포화지방 14% 분포를 가지며 오메가-6 지방산과 오메가-3 지방산을 모두 가지고 있다. 유지함량은 16~25%로 지방 함량이 적지만, 생산량이 많아서 전체 식용유 생산량의 1/3을 차지한다.

콩기름에는 불포화 지방산인 올레산 25%, 리놀레산 25%, 리놀렌산 7~10%가 함유되어 있다. 콩기름은 낮은 온도에서 결정이 생기지 않으며 발연점도 높은 편이라 다양한 일반 조리에 활용할 수 있다. 구이, 튀김, 제빵에 두루 사용하며 식용 이외에 쇼트닝, 마가린 원료, 페인트, 인쇄잉크 등의 공업용으로 이용되기도 한다. 부드럽고 고소한 풍미가 나는 것으로 고르고, 서늘하고 어두운 곳에 보관한다.

카놀라유

재료 유채씨

유지류 반건성유

발연점 250℃

추출법 압착법, 용제추출법

활용 음식 새우튀김, 채소튀김, 버섯전, 해물볶음

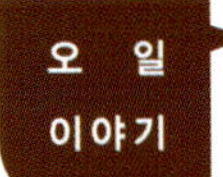

채종유는 겨자과에 속하는 유채의 씨에서 추출하는 오일로 그 품종에 따라서 유지함량이 각각 다르다. 채종유는 주로 압착법, 추출법 등으로 채유하고 평지씨유, 유채유라고도 부른다. 채종유에는 에루스산이라는 특수 지방산이 있는데, 발연점이 높아 가열 시에 안정성이 높다. 그러나 에루스산을 동물에 다량 투여했을 때 동물의 성장을 저해하고, 생체조직에 축적되어 심장질환을 일으킬 수 있다는 연구 결과가 보고되었다. 그래서 1970년대에 채종유의 주 생산지인 캐나다에서는 에루스산의 함량이 적은 품종(1% 이하)인 LEARlow erusis acid rapeseed를 개발하였고, 이를 '카놀라유'라고 한다. 오늘날에는 대부분의 채종유가 저에루스산 타입으로 바뀌게 되었다. 카놀라유는 에루스산 5% 이하, 올레산 50%, 리놀레산 20~30% 정도를 함유하고 있다. 발연점이 높아서 주로 튀김이나 전 등을 만드는 데 사용하며 공업용 도료에도 사용한다. 옅은 노란색을 띠면서 신선한 향이 나는 것으로 고르는 것이 좋다. 해가 들지 않고 서늘한 곳에 보관한다.

현미유(미강유)

재료 쌀겨(미강)

유지류 반건성유

발연점 250℃

추출법 용제추출법

활용 음식 호밀쿠키, 생선구이, 커틀릿, 카레

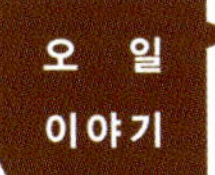

현미유는 현미를 도정할 때 나오는 쌀겨에 함유되어 있는 지질을 추출한 다음 정제해서 만든 오일이다. 발연점이 높아서 튀김요리를 할 때 사용하면 좋다. 올레산, 오메가-6 지방산, 오메가-3 지방산이 들어 있으며 다른 오일에 비해 토코페롤과 항산화 성분인 오리자놀, 비타민 E 함량이 높다. 쌀겨는 지방질 분해효소인 라이페이스에 의한 가수분해(물분자가 작용하여 일어나는 분해반응)가 일어나기 쉽다. 또한 오일의 품질을 안 좋게 하는 유리지방산의 함량(10%)이 다른 식물성기름에 비해 높다. 따라서 채유를 할 때는 쌀겨를 건조시켜서 수분을 2~3%로 낮추고 신속히 해야 한다. 미강유는 올레산 50%, 리놀레산 30% 정도를 함유하고 있다. 올리브유와 같이 올레산을 많이 함유하고 있어 산화안정성이 좋다. 옅은 황금색을 띠며 감칠맛이 있어 부드럽고 풍미가 연하며, 튀김, 제빵, 볶음, 구이, 샐러드 등의 요리와 비누, 화장품, 구두크림의 원료로 사용한다.

포도씨유

재료 포도씨

유지류 건성유

발연점 250℃

추출법 압착법

활용 음식 깻잎튀김, 쇠고기완자튀김, 삼색주먹밥

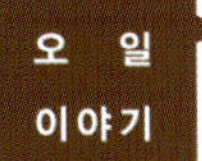

포도씨에는 지방, 단백질, 무기질, 탄수화물 등의 영양분이 포함되어 있다. 포도씨에 포함된 지방의 함량은 보통 6~20%로 포도의 종자에 따라 차이가 있다. 주로 지방의 함량이 높은 것은 단맛도 많이 나며 이런 포도로는 와인을 만든다. 포도씨에는 포화 지방산의 함량이 낮고 불포화 지방산인 오메가-6 지방산을 비롯해 항산화작용을 하는 카테킨, 비타민 E가 풍부하고 올레산도 들어 있다. 다만 오메가-6의 함량이 너무 많아서 체내 좋은 콜레스테롤을 감소시킬 수 있기 때문에 섭취량을 조절하는 것이 좋다. 포도씨유는 발연점이 높아 튀김요리에 활용하면 좋다.

올리브유

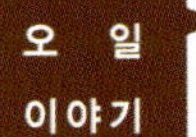

올리브유는 지중해 연안 국가에서 90% 이상 생산된다. 우리 나라에서는 올리브유가 생산되지 않아 병째 수입하기도 하고, 원유를 수입한 다음 병입해서 판매하기도 한다. 올리브유의 지방산은 올레산과 리놀레산으로 구성되며, 이 성분은 혈액 속의 콜레스테롤 수치를 낮춰 주어 생활습관병을 예방하는 역할을 한다. 올리브유는 다른 오일에 비해 비교적 산화안정성이 좋은 편이지만 주변의 다른 냄새를 쉽게 흡수하는 성질이 있기 때문에 잘 밀봉해서 보관하여야 한다. 올리브유를 냉장 보관하거나 겨울철에 보관하다 보면 결정이 생기는 경우가 있는데 이것은 먹어도 이상이 없으므로 염려하지 않아도 된다. 올리브의 열매를 압착해서 처음 얻어지는 가장 순수한 오일을 '엑스트라버진 올리브유extra virgin olive oil'라고 한다. 엑스트라버진은 맛과 향이 최고이고, 녹황색을 띠며 샐러드드레싱 등 날것으로 이용한다. 그리고 산도가 높은 버진 올리브유는 정제 과정을 거치게 되는데, 이 과정에서 고온, 화학처리되어 맛과 향이 없다. 버진 올리브유와 정제 올리브유를 20:80의 비율로 혼합한 것이 '퓨어 올리브유pure olive oil'이며, 날것으로 먹기보다는 튀김용으로 주로 사용한다. 좋은 올리브유는 신선한 올리브 특유의 풍미와 향기가 강하고 진한 초록색을 띤다.

호두유

재료 호두

유지류 건성유

추출법 압착법

활용 음식 견과류샐러드드레싱, 쌈장, 산야초무침

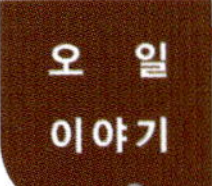

호두는 지방뿐 아니라 단백질, 섬유질, 비타민 B군, 비타민 A, 비타민 E, 인, 칼륨, 철분이 풍부한 견과류로 원산지는 유럽이지만 아시아나 중국에서도 많이 재배된다. 호두는 가격이 비싸기 때문에 일반적인 식용유로 사용하기는 어렵고 약용이나 생으로 먹는 용도에 많이 사용한다. 호두유는 바로 짜기보다는 볶아서 짜거나 말려서 수분을 충분히 제거한 다음 짜야 투명한 기름을 얻을 수 있다. 호두는 피부의 노화를 막아 주고, 뇌의 기능을 활성화시킨다. 따라서 성장기 아이들이 먹으면 뇌 기능이 좋아지고 노인이 먹으면 치매를 예방할 수 있다. 호두유에는 리놀레산과 리놀렌산이 풍부해 혈액순환이 잘 되게 해주며, 항산화 기능이 있다. 옅은 노란색을 띠는 것으로 부패한 기름 냄새가 나지 않는 것을 고르는 것이 좋다. 특유의 향이 강하기 때문에 빵을 만드는 데 넣거나 소스, 드레싱 등을 만드는 데 활용한다.

옥수수유(옥배유)

재료 옥수수배아

유지류 반건성유

발연점 270℃

추출법 압착법

활용 음식 닭가슴살 커틀릿, 어묵볶음, 취나물볶음

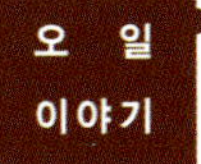

옥수수유는 종자에서 착유된 오일이 아니라 전분을 제거할 때 분리된 배아에서 착유한 배아유다. 우리나라에서는 옥수수씨눈기름으로 판매되기도 했는데 지금은 통칭 옥수수유로 판매가 되고 있다. 옥수수유는 배아에서 착유되기 때문에 다른 오일보다 토코페롤과 식물성스테롤의 함량이 많고, 고유의 풍미가 있어서 고소한 맛이 난다. 지방산은 올레산 50%, 리놀레산 40% 정도로 구성되어 있으며, 리놀렌산이 거의 함유되어 있지 않아서 옥수수유를 먹을 때는 리놀렌산이 풍부한 식품과 같이 먹는 것이 영양의 균형을 맞추는 방법이다. 옥수수유는 식용유로서 풍미가 좋으며 산화안정성이 좋아 튀김용으로 적당하다. 또한 소화, 흡수성이 좋아 콩기름 다음으로 우리나라에서 많이 이용되는 오일이다. 옥수수유는 맛이 부드러우면서 끝 맛이 달큰하다. 옅은 노란색을 띠는 것이 좋고 부패한 기름 냄새가 나지 않는 것으로 고른다. 저장안정성이 좋아서 샐러드유, 튀김기름, 볶음용 등 다양하게 이용할 수 있으며, 비누를 만들 때도 사용한다.

홍화씨유

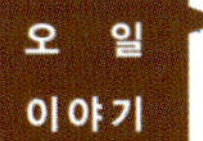

홍화는 잇꽃이라고도 부르며 원산지는 유프라테스강 유역인데 4,000년 전에 이집트로 전파되었다. 그 후 중국을 비롯해 우리나라에도 전파되어 많이 재배되고 있다. 홍화는 어린 순부터 꽃, 씨까지 다양하게 사용되는데 어린 순은 나물로 무쳐 먹고 꽃은 차로 마신다. 씨는 기름을 짜서 약용으로 먹는데 이것이 홍화씨유다. 홍화씨유는 골절, 골다공증 등 뼈에 관련된 질병의 예방에 효과가 좋은 것으로 알려져 있다. 또한 혈중 콜레스테롤을 저하시켜 주는 효과가 있는 리놀레산을 70~80% 정도 함유하고 있어서 동맥경화증, 고혈압, 고지혈증 등의 질병에 좋다. 최근에 올레산의 함량을 높인 고올레산 홍화씨유도 만들어지고 있는데 이것은 리놀레산 함량이 높은 홍화씨유와는 달리, 혈중 콜레스테롤의 저하효과를 기대할 수는 없다. 옅은 황금색을 띠면서 홍화씨 특유의 향이 나며, 부패한 기름 냄새가 나지 않는 것을 고른다. 우리나에서는 갈색을 띠는 것이 유통되고 있기도 하다. 하루 한 숟가락씩 먹거나 볶음, 무침, 샐러드 등에 다양하게 사용하고, 비누를 만들 때도 사용한다.

팜유

O i l   N o t e

재료 오일팜 과육

유지류 불건성유

발연점 213℃

추출법 압착법

활용 음식 카레, 쌀국수볶음, 해물튀김

**오 일
이야기**

오일팜(기름야자)의 과육을 압착해서 얻어진 기름을 말하며 한국산업규격(KS)에서 말하는 팜유란 과육에서 채취한 기름을 정제한 것을 말한다. 오일팜은 야자과의 나무로 원산지는 열대 아프리카 중서부 지역이다. 하지만 요즘은 동남 아시아에서 더 많이 생산·소비되고 있으며 세계 각 지역으로 수출되고 있다. 오일팜나무는 모종을 옮겨 심고 3년이 지난 후부터 열매를 수확할 수 있으며 최대 수확 시기는 8~13년 정도다. 팜유는 과육의 익은 정도에 따라 품질이 달라진다. 덜 익은 과육에는 유분의 함량이 적으며, 너무 많이 익은 과육에는 리파제가 있어 유지가 가수분해되기 때문에 익은 정도를 잘 맞춰야 한다. 채취한 과육은 바로 가열 살균해야 리파제가 활성되지 않고 착유가 잘 된다. 팜유는 비타민 E와 베타카로틴이 풍부해 항산화효과가 있다. 쇼트닝, 마가린, 튀김, 볶음, 커틀릿, 과자, 제과용 등으로 사용하며 비누를 만들 때도 사용한다. 과육과 같은 붉은색을 띠면서 수분과 지방층이 많지 않은 것을 고른다.

면실유

재료 목화씨

유지류 반건성유

발연점 233℃

추출법 압착법

활용 음식 자장면, 탕수육, 나물볶음

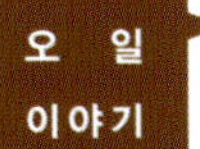

목화는 열대지방이나 온대지방에서 재배된다. 목화솜은 실로 뽑거나 이불과 베갯속에 넣기도 한다. 면실유는 목화에서 솜을 채취하고 남은 종자를 압착이나 추출법으로 추출한 오일인데, 목화씨에는 15~25% 정도의 오일이 함유되어 있다. 과거에는 목화 그대로 수입하다가 요즘은 원산지에서 착유하여 반정제된 면실유를 수입한다. 면실유는 반건성유로 지방산의 구성은 20~30%의 팔미트산을 함유하고 있으며, 리놀레산이 50% 정도, 리놀렌산은 적은 편이다. 면실유는 값도 싸면서 산화안정성이 뛰어나고 발연점이 230℃ 정도로 콩기름과 비슷해서 튀김요리에 사용할 경우 맛이 깨끗하고 풍미가 좋으며 재료의 바삭한 식감을 살려 준다. 마가린이나 샐러드유 등에 사용하기도 한다. 옅은 노란색을 띠며 부패한 기름 냄새가 나지 않는 것으로 고른다.

코코아버터

코코아버터

재료 카카오콩

유지류 불건성유

발연점 138℃

추출법 압착법

활용 음식 초콜릿

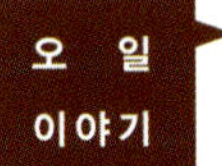

코코아버터는 열대지방에 두루 분포하는 카카오 과일의 종자(카카오콩)에서 얻어지는 유지다. 수확한 카카오 종자를 45~50℃에서 2~8일간 발효하면 카카오 특유의 풍미와 색이 생긴다. 이것을 수분이 7%가 되도록 재빨리 건조한 다음 볶아서 분말로 만들고, 이 분말을 압착해서 기름을 얻는다. 다른 이름으로 코프라유, 야자유라고도 한다. 기름을 제거한 것은 코코아 분말이라고 한다. 코코아버터는 상온에서 고체이며 불포화 지방산이 적고, 포화 지방산이 대부분을 차지하는데 산화 안정성이 좋아서 다른 유지에 비해 상온에서도 오랫동안 맛이 변하지 않아 장기간 보존이 가능하다. 순백색을 띠면서 특유의 풍미가 있는 것이 좋은 코코아버터다. 코코아버터는 초콜릿의 원료로 사용하는데 코코아버터와 코코아분의 함량에 따라 초콜릿, 준초콜릿, 초콜릿과자로 나눈다.

해바라기씨유

재료 해바라기씨

유지류 건성유

발연점 250℃

추출법 압착법

활용 음식 비스킷, 고구마튀김, 김치전

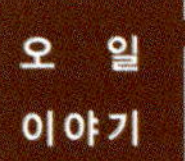

해바라기는 국화과의 1년생 식물로 원산지는 미국 중서부, 남부 멕시코 지역이다. 우리나라에서는 많이 사용하지 않지만 세계적으로 콩기름, 팜유, 카놀라유에 이어 4번째로 생산량이 많고 특히 유럽에서 많이 사용하는 오일이다. 해바라기씨유는 품종에 따라 추출되는 오일의 양이 다양하다. 재래종 해바라기씨에는 리놀레산이 풍부하지만 유량이 30% 정도로 적으며 환경에 따라 지방산의 비율이 차이가 있다. 새롭게 품종을 개량하기 시작한 이후로는 45% 정도로 유량이 증가하였다. 1980년대 중반부터 미국에서는 고올레산 품종이 재배되고 이로 인해 고올레산 해바라기씨유가 많아지게 되었으며 일정한 유량을 생산하게 되었다. 제빵, 튀김, 부침 등 고온 조리 요리에 사용하면 좋다. 오일 특유의 냄새가 없고 맛과 향이 부드러운 것이 특징이다. 엷은 노란색을 띠며 맛과 향이 담백하고 부드러운 것으로 고른다.

아마씨유

재료 아마씨

유지류 건성유

발연점 107℃

추출법 압착법

활용 음식 딸기요거트, 모둠콩샐러드, 견과류강정

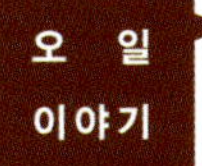

아마는 아마과에 속하는 일년생 식물로 중앙 아시아가 원산지다. 아마의 씨에서 오일을 추출하여 식용이나 약품, 화장품으로 활용한다. 아마씨에는 시안배당체라는 독성 물질이 있어서 효소분해 시 산에 의해 시안산을 생성하게 된다. 이 시안산은 먹게 되면 중독을 일으킬 수 있어서 식용 아마씨유는 이 시안배당체를 제거한 다음 사용해야 한다. 아마씨유는 필수 지방산이 풍부하고 특히 오메가-3는 등푸른 생선인 고등어보다 7배나 많이 들어 있다. 이 오메가-3는 체내 콜레스테롤 증가를 억제시키고, 혈액 순환을 원활하게 해서 심장병을 예방해 준다. 아마씨유에 풍부한 리그난은 항산화 및 항암성분으로 다른 식물보다 월등히 많아서 항암효과가 있다. 이 리그난은 호르몬에 관련된 여러 가지 증상을 완화시켜 주며 특히 안면홍조에 효과가 좋다. 요거트, 과일, 곡물요리, 견과류요리, 디저트 등에 사용한다. 색이 노란색으로 맑으면서 엷고 부패한 기름 냄새가 나지 않는 것으로 고른다.

잣기름

재료 잣

유지류 건성유

발연점 150~170℃

추출법 압착법

활용 음식 김구이, 채소볶음, 대하잣즙냉채

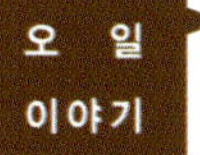

잣은 백자柏子, 송자松子, 해송자海松子, 실백實柏이라고도 부르며 우리나라가 원산지다. 잣나무는 솔잎이 다섯 묶음씩 묶여 있다고 해서 오엽송이라고 하고 이것의 종자가 잣이다. 잣에는 수분이 5.5% 내외로 수분함량이 매우 적고, 지질이 74%에 달하며 이것을 짠 것이 잣기름이다. 잣은 성질이 따뜻하면서 단맛이 나는 것이 특징으로 오장을 편하게 하고 자양강장 효과가 있어 환자식으로 좋은 식품이다. 또한 두통, 변비, 마른기침에 효과가 좋으며, 피부를 윤택하게 해주고, 노화를 방지해 준다. 우리나라에서는 가평 잣이 유명한데 국내 잣 생산량의 60%를 차지하고 있다. 엷은 노란색을 띠면서 침전물이 생기지 않고 부패한 기름 냄새가 나지 않는 맑은 것을 고르는 것이 좋다. 구이, 볶음, 샐러드드레싱 등의 요리에 사용한다.

헤이즐넛 오일

재료 헤이즐넛

유지류 불건성유

발연점 220℃

추출법 압착법

활용음식 헤이즐넛쿠키, 모카케이크, 헤이즐넛버터,
냉크림파스타, 건과일샐러드

**오 일
이야기**

헤이즐넛은 개암나무의 종자로 모양은 작은 도토리와 비슷하게 생겼으며 우리나라에서도 야생 개암나무가 자생하고 있다. 헤이즐넛오일은 헤이즐넛을 으깬 후에 볶아서 고소한 맛이 나면 식힌 다음 착유해서 얻는다. 이때 볶으면서 나오는 오일은 같이 섞어서 짠다. 헤이즐넛오일은 다른 오일에 비해 단일 불포화 지방산의 함량이 높아서 산패가 더디 진행되기 때문에 보관이 오랫동안 가능하다는 장점이 있다. 헤이즐넛오일은 샐러드드레싱, 제과, 제빵 등의 재료로 쓰면 좋다. 발연점이 높지만 가열에 의해 쓴맛이 나서 너무 높은 온도에서 조리하기보다는 중불 정도에서 조리하는 볶음, 구이 등의 조리법에 활용할 수 있다. 화장품, 비누의 원료로도 사용한다. 맑은 노란색을 띠면서 고소한 너트향이 나고 부패한 기름 냄새가 나지 않는 것으로 고른다.

아몬드유

재료 아몬드

유지류 반건성유

발연점 220℃

추출법 압착법, 용제추출법

활용 음식 흰살생선오븐구이, 쇠고기카레,
단호박머핀

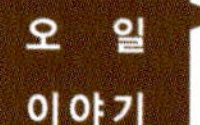

아몬드는 편도라고 하는 장미과의 낙엽교목으로 매화나무나 복숭아나무에 가까운 모양이며, 아몬드 종자를 착유한 것이 아몬드유다. 아몬드는 단맛과 쓴맛 두 가지 종류가 있는데 우리가 흔히 먹는 아몬드는 단맛이 나는 아몬드이며, 이것으로 오일을 추출하여 각종 허브 등과 같이 요리에 활용한다. 쓴맛이 나는 아몬드는 독이 있어 그대로 먹을 수 없기 때문에 독을 제거하고 정제해서 오일로 만든 다음 향료로 사용한다. 아몬드유는 생산량이 많지 않아서 가격이 비싸기 때문에 높은 발연점에도 불구하고 튀김 등의 조리에는 사용하지 못하는 단점이 있다. 견과류요리, 생선요리, 육류요리, 카레, 제과, 제빵 등에 향을 내는 역할로 사용된다. 아몬드유는 비타민 A·B·E·D, 미네랄이 풍부하며 피부를 촉촉하게 하고 노화를 막아 주기 때문에 화장품의 원료로도 쓰인다. 투명하면서 색이 거의 없는 것으로 특유의 풍미가 있고 부패한 기름 냄새가 나지 않는 것으로 고른다.

호박씨유

재료 호박씨

유지류 반건성유

발연점 120℃

추출법 압착법

활용 음식 소시지샐러드, 참나물무침, 스콘

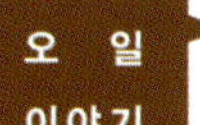

오늘날 호박의 주요 생산국은 미국, 멕시코, 인도와 중국 등이다. 아메리카 원주민인 인디언들은 호박씨를 감염이나 염증을 치료하는 약재로 사용했다고 한다. 호박씨유는 지역마다 다양하지만 대표적인 생산지는 오스트리아 슈타이어마르크 지방이다. 이 지방의 특산물인 호박의 씨를 압착해서 착유한 오일은 색이 짙은 녹색을 띠며 맛은 부드러우면서 고소한 것이 특징이다. 호박씨유에는 비타민 E와 셀레늄이 풍부하고 칼륨, 인, 마그네슘, 망간 등도 풍부하다. 호박씨유를 먹으면 전립선비대증의 개선에 효과적이며, 방광의 기능을 좋게 한다. 또한 호박씨유는 과민성 대장증후군, 관절염에 좋으며, 고콜레스테롤 환자가 먹으면 콜레스테롤 수치를 낮춰 주기도 한다. 드레싱, 아이스크림, 무침, 소시지, 케이크, 베이킹에 사용하고, 비누를 만들 때도 사용한다. 짙은 녹색으로 약간의 쓴맛이 나며 부패한 기름 냄새가 나지 않는 것으로 고른다.

마카다미아오일

재료 마카다미아 종자

유지류 불건성유

발연점 210℃

추출법 압착법

활용 음식 오믈렛, 팬케이크, 치킨마리네이드구이

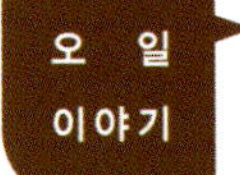

마카다미아는 오스트레일리아 지역이 원산지인데 요즘은 미국 하와이는 물론 과테말라, 피지, 뉴질랜드, 아프리카 일부 지역에서도 재배되고 있다.

마카다미아나무의 종자에서 추출한 오일인 마카다미아오일에는 항산화제인 비타민 $A \cdot B_3 \cdot B_6 \cdot E$, 철 등이 풍부하게 들어 있고 콜레스테롤이 체내에 쌓이는 것을 예방해 준다. 마카다미아오일은 심혈관 치료에 많은 도움이 되며, 골다공증, 두통, 관절염에도 효과가 좋다. 프랑스에서는 일광 화상의 치료용으로 이용되기도 한다. 마카다미아오일은 올리브유보다 발연점이 높아 올리브유 대용으로 사용하기도 하며 베이킹이나 버터를 만들 때 사용하기도 한다. 또한 산화안정성이 높아 상온에서 2년 정도 보관이 가능하다. 황금색을 띠면서 버터향과 너트향이 나는 것으로 고른다.

팜핵유

재료 오일팜핵

유지류 불건성유

발연점 110~130℃

추출법 압착법, 용제추출법

활용 음식 초콜릿, 쿠키, 비스킷

**오 일
이야기**

팜유는 오일팜(기름야자)의 과육에서 주로 얻어지고 과육의 핵에서 추출한 기름은 팜핵유라 한다. 팜핵유는 팜유를 착유하고 남은 핵을 건조시켜 압착하거나 용제추출법으로 착유된다. 팜유와 팜핵유는 모두 오일팜으로부터 생산되지만 특성은 서로 크게 다르다. 팜핵유는 상온에서 고체이며 버터와 비슷한 조성을 보인다. 이런 유지의 특징은 라우린이라는 성분이 많기 때문에 이런 유지를 라우린계 유지라고 한다. 색은 흰색을 띠며 야자유와 비슷하다. 팜핵유에는 포화 지방산인 라우린산이 50% 미만이며 미리스틴산 18%, 카프르산 7~8%, 카프릴산 6~7%순으로 구성되어 있어서 팜유와는 트리글리세라이드의 조성이 서로 다르다. 팜핵유에는 불포화 지방산인 올레산이 15% 정도 함유되어 있다. 팜핵유는 주로 코코아유의 대용품으로 다양하게 사용한다. 특히 마가린, 쇼트닝, 초콜릿용 유지, 튀김유, 제과용, 비누 제조 원료에 많이 쓰인다.

아보카도오일

재료 아보카도씨

유지류 불건성유

발연점 270℃

추출법 압착법, 용제추출법

활용 음식 아티초크샐러드, 새우버무리, 냉파스타,
연어딥소스, 토마토소스

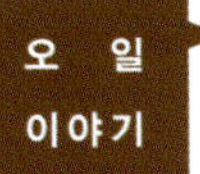

아보카도는 남아메리카와 멕시코가 원산지이며, 울퉁불퉁한 껍질 때문에 악어배라고 불리기도 한다. 아보카도는 미국을 비롯해서 세계 각지에서 재배되며 특히 캘리포니아 남부 산간지역의 주요 특산품이다. 아보카도오일은 비타민 E가 풍부하여 모발을 건강하게 하고 비듬에도 효과가 있다. 또한 베타카로틴이 풍부해 면역력을 증강시키며, 항산화 효능이 있고 당뇨나 눈의 건강에도 좋다. 아보카도오일 중 정제되지 않은 오일은 짙은 녹색을 띠는데 주로 향이 강한 채소의 샐러드드레싱을 만들 때 좋다. 정제된 오일은 발연점이 다른 오일보다 월등히 높아 튀김요리에 사용하면 좋지만 가열에 의해 좋지 않은 맛과 향이 나며 가격도 다른 오일에 비해 비싼 편이라 튀김보다는 주로 생으로 먹거나 수프 등에 첨가해 향을 즐긴다. 비누나 화장품의 원료로도 사용한다. 아보카도오일은 다른 오일에 비해 산화가 잘 되기 때문에 특히 보관에 유의해야 한다. 아보카도 특유의 향이 나며 짙은 녹색을 띠는 것으로 숟가락으로 떴을 때 약간 걸쭉한 것으로 고른다.

낙화생유(땅콩유)

재료 땅콩

유지류 불건성유

발연점 220℃

추출법 압착법, 용제추출법

활용 음식 채소튀김, 쿠키, 돼지고기채소볶음

오 일 이야기

낙화생은 땅콩을 말하는 것으로 브라질, 페루가 원산지지만 아프리카, 인도, 중국 등에서 많이 재배된다. 크기가 큰 것은 대립종으로 단백질 함량이 높아서 주로 간식으로 먹거나 요리에 많이 사용한다. 크기가 작은 것은 소립종으로 지방 함량이 풍부해 기름을 만드는 데 사용한다. 땅콩에 함유되어 있는 40~50%의 지방질을 채유한 것이 낙화생유다. 땅콩은 알레르기 유발 인자를 많이 포함하고 있기 때문에 정제 과정 중에 이 인자를 제거하지 않았다면 반드시 낙화생유를 사용했음을 공고해야 한다. 낙화생유는 다가불포화 지방산의 함량이 적기 때문에 산화안정성이 있어 산패가 더디 진행된다. 비타민 E가 풍부해 노화를 방지해 주며, 체내에 콜레스테롤이 쌓이는 것을 막아 심혈관 질환을 예방해 준다. 낙화생유는 발연점이 높아 튀김을 할 때 사용하면 재료가 깨끗하면서 바삭하게 튀겨지며 맛도 깨끗한 것이 특징이다. 그래서 튀김, 제과, 제빵, 샐러드, 소스, 볶음 요리에 사용하면 좋다. 또한 비누나 윤활유의 원료로도 사용한다. 옅은 노란색의 맑은 오일로 특유의 고소한 맛이 난다.

겨자씨유

재료 겨자씨

유지류 반건성유

발연점 210℃

추출법 압착법, 용제추출법

활용 음식 생선튀김, 흰살생선카레, 베리머핀,
모둠채소피클

**오 일
이야기**

겨자씨의 종류로는 흰색의 서양 겨자씨와 흑색의 동양 겨자씨가 있다. 이중 오일로 착유하는 것은 흑색의 동양 겨자씨로 주로 북부인도와 동부인도, 방글라데시, 네팔, 벵골 등에서 튀김 등에 전통적으로 이용해 왔다. 겨자씨유는 가열하게 되면 매운 향이 나는데 동남 아시아 지역에서는 조리할 때 휘발시킨 다음 사용한다. 이렇게 조리하면 식자재 특유의 누린내나 비린내가 제거되고 겨자 특유의 향이 약간 남아 맛이 더 좋아진다. 겨자씨유에는 다른 기름에 없는 알릴산이 있어 약간 매운맛이 나는 것이 특징이다. 항균효과가 있고, 발기부전, 자양강장에 효과가 좋으며 혈액순환이 잘 되게 해서 심혈관 기능을 좋게 해준다. 겨자씨유는 개봉한 다음 냉장 보관하는 것이 오랫동안 보관할 수 있는 방법이다. 옅은 노란색으로 맑은 것이 좋으며 겨자 특유의 매운 냄새와 맛이 난다.

아르간오일

재료 아르간나무 종자

유지류 반건성유

발연점 199℃

추출법 압착법

활용 음식 뮤즐리, 해산물 쿠스쿠스, 닭고기바비큐

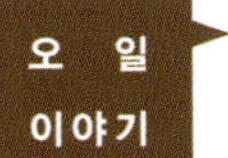

아르간오일은 모로코 남서부 지역에서 자라는 아르간나무의 종자인 아르간 너트를 압착해서 착유한 것이다. 아르간오일은 최근까지 모로코 지역 여성들이 수작업으로 짜냈다. 겉의 딱딱한 껍질을 벗긴 다음 씨를 갈아서 물과 같이 기름을 짜내는 방법으로 굉장히 고된 작업이었다. 하지만 요즘은 올리브유와 마찬가지로 열매를 통째로 눌러서 짜기 때문에 쉽게 오일을 얻을 수 있다. 아르간나무는 잎이 주변 수분을 빨아들여 척박한 땅에서 잘 자란다. 모로코 남서부에서만 자라기 때문에 수량이 얼마 되지 않으며 요즘은 전체 숲의 1/3이 없어져 유네스코가 선정한 멸종위기 세계자연유산 리스트에 올랐다. 일반 아르간오일은 피부, 모발 등에 많이 쓰이며, 식용 아르간오일은 콜레스테롤 수치를 낮춰 주고, 면역력을 증강시키며 염증 억제 효과가 있다. 개봉한 후에는 빨리 사용하는 것이 좋으며 되도록 유통기간을 지키는 것이 좋다. 색은 황금색을 띠면서 헤이즐넛향보다 진한 향이 나고 잡냄새가 나지 않는 것을 고른다.

　오일을 사용하다 보면 흔히 '쩐내'라고 하는 산패취가 난다. 이것은 공기나 빛, 열, 수분, 금속 등에 의해서 오일 특유의 풍미가 사라지고 끈적거리거나 좋지 않은 냄새가 나며 색이 탁해져서 생기는 것이다. 산패된 오일을 섭취하게 되면 체내에서 활성산소를 만들어 산화작용을 일으키며 세포손상이나 변이를 유발해서 암이 발생하거나 각종 질병 등에 노출될 위험이 높아진다. 특히 냉압착법으로 추출하거나 불포화 지방산이 많은 오일의 경우 산화가 쉬워지기 때문에 보관에 주의해야 한다.

❶ 공기

　오일은 용기를 열어서 보관하거나 밀폐가 제대로 되지 않으면 산패가 빠르게 일어나기 때문에 최대한 공기와 접촉하거나 흡수가 되지 않도록 한다.

❷ 수분

　오일을 이용해서 조리를 할 때, 특히 튀김 등을 할 때 재료에서 수분이 빠져나오는데 이것을 그냥 두었다가 사용하게 되면 산패가 빠르게 진행될 수 있다. 또한 조리 중 수분이 유입되거나 공기 중의 수분이 오일에 유입되면 산패가 빠르게 진행되기 때문에 한 번 사용한 오일은 망에 걸러서 보관하거나 적당한 양을 이용해서 한 번만 사용하는 것이 좋다.

❸ 열

가열한 오일을 보관하거나 오일을 따뜻한 곳에 둔 경우, 시원한 곳에 보관한 오일보다 산패가 빠르게 진행된다. 오일은 열에 의해 산패가 잘 되기 때문에 되도록 서늘한 곳에 보관하는 것이 오일을 오래 먹을 수 있는 방법이다. 되도록 구입한 지 한 달 이내에 먹는 것이 좋다.

❹ 빛

오일 중 참기름이나 들기름, 올리브유처럼 불포화 지방산이 많은 오일의 경우 병의 색이 짙거나 알루미늄 병에 유통되는데 이것은 빛과의 접촉을 차단하기 위해서다. 빛은 유지의 산패를 촉진하기 때문에 유통이나 보관 중에는 빛이 잘 들지 않게 병입하거나 냉장고 등에 보관한다.

❺ 금속

오일이 구리나 철에 노출되거나 그런 성분의 병에 담으면 금속과 그 화합물 및 헴(heme, 헤모글로빈이나 미오블로빈의 색소부분에 해당하는 물질)화합물과 결합해 산화를 촉진시키는 산화촉진제proxidant가 생성되어 산패한다. 따라서 되도록 병이나 플라스틱 용기, 알루미늄 병에 담는 것이 산패를 줄이는 방법이다. 또는 산화촉진 억제 물질(토코페롤, 유기산류 등)을 넣어서 보관한다.

지은이 **김외순**

현 쿠띠프 요리교실 운영.

전통조리를 전공한 저자는 대경대학 호텔조리학과 교수, 충남 연암대학 외식산업과 강사를 역임하였다. 각 지역 향토음식 전시 및 농가 맛집 메뉴개발에 참여하였으며, 일본 한류 잡지 〈한류피아〉에 한국요리에 대한 글을 연재하는 등 한식의 세계화에 힘쓰고 있다. EBS '최고의 요리 비결' KBS '무엇이든 물어보세요' '생로병사의 비밀' 등 다수의 방송에 출연하였다.

저서로는 〈과일식초 건강요리 49가지〉 〈만원도시락〉 〈저칼로리 고구마밥상 50가지〉 〈체질밥상 보약밥상〉 〈엄마 손맛 짜지 않은 밑반찬〉 등이 있다.

참고도서

- 내 몸을 살리는 천연식초, (주)국일미디어, 2006, 구관모
- 식초의 건강과 과학, 양서각, 2005, 안용근
- 천연 식초 건강법, 가림출판사, 2006, 건강식품연구회
- 한국식품사전, 박원기 외, 1991, 신광출판사
- 세계의 명품 오일과 식초, 캐서린 허킨스(Kathryn Hawkins), 2009, 도서출판 세경
- 식용유지학, 손종연, 2008, 도서출판 진로
- 식용유지 그 이용과 유지식품, 藤田哲(등전철), 2001, 내하출판사
- 식용유지학, 박원종 외, 2005, 유림문화사

제대로 알고 먹는 59가지

식초 · 오일 수첩

2012년 12월 15일 초판 1쇄 발행
2014년 5월 30일 초판 2쇄 발행

지은이 | 김외순
펴낸이 | 김혜원
펴낸곳 | 주식회사 우듬지
주 소 | 서울특별시 강남구 논현로 71길 12
전 화 | (02)501−1441(대표) / (02)557−6352(팩스)
등 록 | 제16−3089호(2003. 8. 1)
이메일 | info@picabooks.co.kr

©(주)우듬지, 2012년 printed in Korea.
편집 책임 • 한은선 | 편집 진행 • 윤유경 | 디자인 • 최소은 | 사진 촬영 • 이성근
ISBN 978−89−6754−005−0 13590